权威·前沿·原创

皮书系列为
"十二五""十三五""十四五"时期国家重点出版物出版专项规划项目

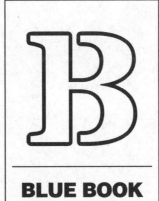

BLUE BOOK

智 库 成 果 出 版 与 传 播 平 台

海洋文化蓝皮书
BLUE BOOK OF CHINA'S MARITIME CULTURE

中国海洋文化发展报告（2022）

REPORT ON THE DEVELOPMENT OF CHINA'S MARITIME CULTURE (2022)

自然资源部宣传教育中心
福州大学
福建省海洋文化研究中心
主 编／苏文菁 李 航

社会科学文献出版社
SOCIAL SCIENCES ACADEMIC PRESS (CHINA)

图书在版编目（CIP）数据

中国海洋文化发展报告. 2022 / 苏文菁，李航主编
. --北京：社会科学文献出版社，2022.10
（海洋文化蓝皮书）
ISBN 978-7-5228-0902-1

Ⅰ.①中… Ⅱ.①苏… ②李… Ⅲ.①海洋-文化-
研究报告-中国-2022 Ⅳ.①P72

中国版本图书馆 CIP 数据核字（2022）第 194105 号

海洋文化蓝皮书
中国海洋文化发展报告（2022）

主　　编 / 苏文菁　李　航

出 版 人 / 王利民
组稿编辑 / 陈凤玲
责任编辑 / 宋淑洁
责任印制 / 王京美

出　　版 / 社会科学文献出版社
　　　　　地址：北京市北三环中路甲 29 号院华龙大厦　邮编：100029
　　　　　网址：www.ssap.com.cn
发　　行 / 社会科学文献出版社（010）59367028
印　　装 / 三河市东方印刷有限公司

规　　格 / 开　本：787mm×1092mm　1/16
　　　　　印　张：11　字　数：141 千字
版　　次 / 2022 年 10 月第 1 版　2022 年 10 月第 1 次印刷
书　　号 / ISBN 978-7-5228-0902-1
定　　价 / 158.00 元

读者服务电话：4008918866

主要编撰者简介

李　航　自然资源部宣传教育中心党委书记、副主任。曾任国家海洋局中国海监总队副总队长，国家海洋局南海分局副局长兼任中国海监南海总队政治委员，国家海洋局宣传教育中心副主任、党委书记兼纪委书记等职。中国音乐家协会会员。现任自然资源部音乐爱好者协会副会长兼秘书长，自然资源部2020年春演总策划、总导演。

多年来致力于自然资源新闻宣传及文化建设工作，主持开展多届世界海洋日暨全国海洋宣传日、中国海洋经济博览会、年度海洋人物评选、全国大中学生海洋文化创意设计大赛等全国性大型宣传展览活动，积极推动中国海洋文化节、厦门国际海洋周、世界妈祖文化论坛等文化宣传活动深入开展，深入推进自然资源文化领域研究，主持编写《全国海洋文化发展规划纲要》，原创多首自然资源领域优秀的音乐作品，探索通过文学、音乐、艺术等多种形式推动自然资源文化大繁荣大发展。

苏文菁　北京师范大学博士，福州大学教授，福州大学闽商文化研究院院长；福建省重点智库培育单位"福建省海洋文化中心"主任、首席专家。美国康奈尔大学亚洲系访问学者、讲座教授；北京大学特约研究员；全国海洋意识教育基地福州大学主任；中国商业史学会副会长；中国皮书研究院高级研究员；中国民营经济研究会理事。研究领域：区域文化与经济、海洋文化、文化创意产业。

2015 年，策划、主持国家主题出版物"海上丝绸之路与中国海洋强国战略丛书"十三卷的编纂工作；2010~2016 年策划、主持"闽商发展史"丛书十五卷。近年来，策划并主编了《闽商蓝皮书·闽商发展报告》、《海洋文化蓝皮书·中国海洋文化发展报告》系列出版物。主编《闽商文化研究》杂志。出版的个人专著代表者有《闽商文化论》、《福建海洋文明发展史》、《世界的海洋文明：起源、发展与融合》、《海洋与人类文明的生产》、《海上看中国》、《文化创意产业：理论与实务》等。其策划、主讲的《海洋与人类文明的生产》获教育部首批国家精品在线开放课程，并被"学习强国"首页多次推荐。

多年来，致力于将闽商文化知识体系为相关职能部门服务的转化工作与智库参谋工作。其中，主编的《闽商蓝皮书·闽商发展报告》是一个智库工作平台。

摘　要

2021 年，随着疫情防控的常态化，中国海洋文化发展逐渐进入适应、恢复阶段。海洋会展、海洋节庆等大型活动受疫情影响较大，开展得较少，规划好的活动也多未进行，但滨海旅游业呈现恢复性增长的态势，适应疫情防控常态化的短时短途游、本地精品游开始兴起。海洋意识教育、海洋文化研究平稳发展，通过线上线下相结合的方式仍在开展工作，加强交流。国家海洋考古博物馆的建设拉开帷幕，预计将成为我国水下考古及文化遗产的重要展示平台。

中国在继 2020 年与马来西亚联合申报世界非物质文化遗产"送王船"成功之后，"泉州：宋元中国的世界海洋商贸中心"也作为文化遗产于 2021 年成功入选《世界遗产名录》，涉海世界遗产增加两处，因此，如何使连续申遗成功的成果发挥好作用，是未来关注的重点。

2021 年是福建连江定海湾水下文化遗产发现 40 周年，以此为契机，本书重新审视了中国水下考古在福建连江定海湾迈出的第一步。1990 年，"中澳合作首届全国水下考古专业人员培训班"在连江定海湾进行水下考古实习；此后又陆续开展了"白礁一号"沉船遗址水下考古、国家文物局第二期水下考古专业人员培训班的水下考古实习等工作。从这里走出的学员后来大都成为我国水下考古事业的中坚力量；可以说，定海湾是中国水下考古事业的"摇篮"。

20 世纪 80 年代末以来，杨国桢及其领衔的厦门大学海洋史研究

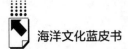

团队为中国海洋人文社会科学的学科建设做出了许多奠基性与开创性的工作，30 多年成果丰硕。在海洋史专门化的建设过程中，杨国桢率先提出必须摆脱以往陆地史观的范式，以海洋为本位，推动海洋史从涉海历史向海洋整体史研究转型。"'新海洋史'中海洋本位思想的确立及其影响"入选 2020 中国历史学研究十大热点之一，表明这一观点在今天已经受到学界的广泛认同。

2021 年，中国散文学会与浙江省岱山县人民政府联合举办首届"岱山杯"全国海洋文学大赛已经迈入第 11 届。大赛以发展和繁荣海洋文学为宗旨，已经涌现了数以万计的关注、挖掘海洋人文精神的文学作品，成为海洋文化领域的一个重要品牌。

关键词： 海洋文化　海洋史　海洋文化遗产

目 录 ⟆⟍

Ⅰ 总报告

Ⅱ 专题篇

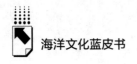
Ⅲ 案例篇

Ⅳ 附录

皮书数据库阅读**使用指南**

总 报 告
General Report

B.1
2022年中国海洋文化发展状况

苏文菁　王佳宁*

摘　要： 2021年，中国海洋文化发展逐渐进入适应、恢复阶段。2021年是"十四五"开局之年，各沿海省市在"十四五"规划中都对以滨海旅游业等为代表的海洋文化产业提出了发展目标。滨海旅游业出现恢复性增长的态势，适应疫情防控常态化的短时短途游、本地精品游开始兴起。海洋意识教育、海洋文化研究平稳发展，主要通过线上线下相结合的方式开展工作、加强交流。全国唯一的水下考古博物馆——国家海洋考古博物馆（青岛）项目的建设拉开帷幕，预计它将成为我国水下考古及文化遗产的重要展示平台。中国在继2020年与马来西亚联合

---

* 苏文菁，博士，福州大学教授，闽商文化研究院院长，福建省海洋文化研究中心主任、首席专家，研究方向为海洋文化理论、区域文化与经济、文化创意产业；王佳宁，福建省海洋文化研究中心。

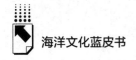

申报世界非物质文化遗产"送王船"成功之后，"泉州：宋元中国的世界海洋商贸中心"也于 2021 年作为文化遗产成功入选《世界遗产名录》，涉海世界遗产增加两处，因此，如何发挥好两项中国海洋文化遗产的作用，是未来关注的重点。

关键词： 海洋文化 海洋史 海洋意识教育 海洋文化遗产

一 2021~2022年中国海洋文化发展总体情况

（一）海洋意识教育情况

在海洋意识教育的实践中，山东省继续在新形式的探索方面走在前列。研学旅行是研究性学习和旅行体验相结合的校外教育活动，是当今教育模式发展的一大趋势。2021 年 5 月 25 日，青岛市文化和旅游局、青岛市教育局、青岛市交通运输局、青岛市海洋发展局、青岛市体育局、青岛市科学技术协会六个部门联合印发《关于推动海洋研学旅游高质量发展的指导意见》，该意见重点推介八大海洋研学旅游线路、涵盖 29 个海洋研学旅游目的地。与此同时，青岛还向烟台、潍坊、威海、日照四市发出倡议，共同成立胶东研学旅游产业联盟，打造胶东研学旅游产业带。[1]可以看出，青岛市围绕"丰富拓展海洋研学旅游产品和课程体系，整合规划海洋研学旅游线路体系，推动海洋研学旅游服务体系和人才体系建设"三大重点

---

[1] 青岛日报社、观海新闻：《如何打造海洋研学旅游目的地城市品牌？青岛发布〈指导意见〉》，青岛新闻网，2021 年 5 月 25 日，https：//news.qingdaonews.com/wap/2021-05/25/content_ 22727933.htm。

任务，提出了打造"海洋研学旅游首选目的地"的发展目标。为配合这一目标，2021年青岛市还开展了"2021青岛海洋研学旅游设计大赛"，共有140支代表队、314份作品参赛。[①] 大赛获奖作品将用于青岛市海洋研学旅游的宣传推广，促进了新课程和新线路造血能力的提升。

2021年海洋科普工作仍主要依托"6·8世界海洋日暨全国海洋宣传日"、中国航海日、全国科普日等开展，科普活动如海洋专题讲座、海洋科普展览等往往是上述纪念日系列活动中的重要组成。第13届全国海洋知识竞赛、全国大中学生第10届海洋文化创意设计大赛等系列活动如期举行，持续发挥大型竞赛在打开了解海洋窗口、激发保护海洋热情方面的作用。值得一提的是，2021年4月27日，中国钓鱼岛数字博物馆的英文版、日文版在钓鱼岛专题网站（www.diaoyudao.org.cn）正式上线运行，对外展示了钓鱼岛及其附属岛屿主权属于中国的法律和历史依据。网站的中文版在2020年10月3日已经开通。

（二）海洋文化产业发展情况

2021年，滨海旅游业已经实现适应性、恢复性增长。据自然资源部《2021年中国海洋经济统计公报》，滨海旅游业全年实现增加值15297亿元，比上年增长12.8%。随着助企纾困和刺激消费政策的陆续出台，滨海旅游市场逐步回暖，但受疫情多点散发影响，尚未恢复到疫情前水平。2019年之前滨海旅游业持续较快增长，占主要海洋产业增加值一度突破50%；2021年在主要海洋产业增加值占比延续

---

① 李晓霞：《青岛海洋研学旅游设计大赛开赛》，中华人民共和国文化和旅游部，2021年11月30日，https://www.mct.gov.cn/whzx/qgwhxxlb/sd/202111/t20211130_929449.htm。

上一年度趋势，下降到 44.9%①，显示滨海旅游业的增长速度已经落后于其他海洋产业。

与此同时，各地陆续发布的"十四五"海洋经济发展规划中纷纷提出滨海旅游业的发展目标，如浙江省提出高水平打造一批海洋考古文化旅游目的地、全面建成中国海洋海岛旅游强省；福建省提出建设泉州市成为 21 世纪海上丝绸之路核心区主要旅游城市；广东省提出打造海洋旅游产业集群、加快"海洋—海岛—海岸"旅游立体开发；广西壮族自治区提出整合北部湾全域旅游资源、重点建设北部湾滨海旅游度假区。此外，邮轮游艇、海岛旅游、休闲渔业等新兴海洋旅游产业成为关键词，部分省市出台专项文件如《三亚中央商务区关于加快邮轮产业发展的实施细则》《三亚中央商务区关于加快游艇产业发展的实施细则》《天津市人民政府办公厅关于加快天津邮轮产业发展的意见》《福建省国道 G228 线滨海风景道规划建设实施方案》等，以及前文提到的青岛市重点打造的海洋研学旅游产业，显示滨海旅游业在政府引导和鼓励下正在往高质量、精品化的方向发展。

在涉海影视文化产品领域，2021 年出现了一些代表性作品。2021 年 3 月播出的《海洋之城》以承载 6000 余名游客和工作人员的国际邮轮为背景，在题材上是一次创新。据导演介绍，选取这个题材是因为邮轮直到 2006 年才正式进入中国，但在短短几年内就取得了飞速发展，"中国已经到了可以用邮轮这个题材来反映当下老百姓生活的时候了"②。创作过程中，剧组在国际邮轮上组织多轮实地采风，

---

① 自然资源部海洋战略规划与经济司：《2021 年中国海洋经济统计公报》，2022 年 6 月 7 日，中华人民共和国中央人民政府，http：//www. gov. cn/xinwen/2022-06/07/content_ 5694511. htm。

② 贺奕：《〈海洋之城〉创作历程回顾》，豆瓣电影，2021 年 3 月 25 日，https：//movie. douban. com/review/13343529/。

并在海上进行了部分实景拍摄；剧中人物参考了现实原型，如男主角的原型就是全球首位华人邮轮船长，他从国外货轮上的普通船员一路成长为邮轮业的标志性人物。遗憾的是，本片的剧本仍跳不出一般职场情感剧的窠臼，在反映邮轮行业的专业性方面也有所欠缺，最终反响平平。2021 年 8 月 14 日，纪录电影《大洋深处鱿钓人》荣获第九届加拿大温哥华华语电影节"红枫叶"奖——最佳纪录片；这是中国第一部表现远洋题材的大型人文纪录影片。①

2021 年 9 月至 11 月，首届台湾海洋文化影展在台湾巡回放映，旨在透过影像的力量深化民众对于海洋文化的认识与想象，也向长期记录、书写、关怀海洋文化和生态的工作者们致敬。影展围绕"海洋文化"主题，选片 40 部涵盖海上工作者、渔村生活、产业变迁、生态环境等各个方向。值得注意的是以下几部作品：简毓群的《如果海有明天》，表现台湾海洋生态与污染问题；卢昱瑞的《水路——远洋纪行》跟拍远洋渔船的劳动和生活，从船员身上看见各种各样的生命故事；林羿绮的《信使——返向漂流与南洋彼岸》通过出海讨生活的金门人家书，重新追随早期移民往事。② 本次影展的成功举办，显示出台湾的海洋影视文化产品已经有了一定积累，形成了良好的制作和放映生态。

2021 年 4 月，第十一届"岱山杯"全国海洋文学大赛如期举办。③ 2011 年起，浙江省岱山县人民政府与中国散文学会携手启动"岱山杯"全国海洋文学大赛，每年连续举办，使得岱山成为中国海

①《喜讯！电影〈大洋深处鱿钓人〉荣获第九届温哥华华语电影节"红枫叶"最佳纪录片》，2021 年 8 月 14 日，https：//www.sohu.com/a/483424306_ 121106991。

② 台湾海洋文化影展官网，https：//www.tocff.tw/。

③ 岱山作协：《第十一届"岱山杯"全国海洋文学大赛征文启事》，浙江作家网，2021 年 4 月 16 日，http：//www.zjzj.org/ch99/system/2021/04/16/032987885.shtml。

洋文学一个鲜明的地标(参见本书专题报告《中国海洋文学发展报告:以"岱山杯"全国海洋文学大赛为例》)。2021年12月18日的新闻发布会上,宣布了首届"中国·霞浦海洋诗会暨新时代海洋诗歌论坛"于2022年在福建霞浦举行的消息。① 在中国作家协会《诗刊》社和地方政府的合作支持下,霞浦海洋诗会能否复制"岱山杯"的成功经验、发展成为海洋文艺领域的又一长期品牌,仍需拭目以待。

(三)海洋文化研究情况

涉海类高等院校与研究机构的建设在各省市"十四五"规划中备受重视,如江苏省提出培育国家级的海洋研究机构、厦门提出争取创办特色海洋大学、广西壮族自治区钦州市提出规划建设北部湾海洋大学、深圳提出加快深圳海洋大学等高校的筹建工作等。

本年度海洋史学界在2020年成为热点的"新海洋史"的框架内持续推进研究进度,进一步明确海洋本位的研究视角,海域史、全球史、整体史的视野得到了更广泛的应用。2021年,中国学者以中、外文发表、出版的相关论著(含研究生学位论文)数量超过300篇(部),其中既可以看到对过往研究的接续,也可以看到新的研究方向与研究成果不断出现,特别是个体研究和日常生活领域下发现了此前鲜少关注的新主题。学术活动中规模较大的有2021年6月于厦门召开的"首届中国海关史青年学者论坛"、7月在连云港市召开的"中国近现代海洋史研究中心揭牌仪式暨专题报告会"、8月中国海外交通史研究会与山东大学历史文化学院在线上联合举办的"全球史视野下的东亚海洋史学术研讨会"、浙江工商大学先后于9

---

① 《首届中国·霞浦海洋诗会暨新时代海洋诗歌论坛明年举办》,福建省人民政府网,2021年12月19日,https://www.fujian.gov.cn/zwgk/ztzl/sczl/zhxx/202112/t20211219_5796221.htm。

月和 10 月举办的"第二届宋元与东亚世界高端论坛""东亚视域下的中日文化关系国际学术研讨会"、10 月在上海举办的"第七届海洋文明学术研讨会"、11 月在上海举办的"海洋与物质文化交流：以东亚海域世界为中心"学术工作坊、12 月在广东汕头举办的"海洋广东论坛暨 2021（第四届）海洋史研究青年学者论坛"等，受到疫情的影响，这些论坛都采取了线上线下相结合的方式，表现出学界在特殊情况下的适应与坚守；正是如此，方能保持学术界活跃的交流。

（四）海洋考古

2021 年，"西沙水下考古取得新进展"入选中央广播电视总台 2021 年度国内十大考古新闻。国家文物局考古研究中心与中国（海南）南海博物馆合作，调集全国水下考古及出水文物科技保护专业人员组成水下考古工作队，于 2021 年 5 月至 6 月开展了西沙群岛石屿二号沉船遗址钻探试掘和华光礁海域区域物探调查工作。在石屿二号沉船遗址出水了一批元代青花瓷器残片；2021 年的华光礁海域区域物探调查是目前国内已经开展的水深最大的水下考古区域探测调查工作之一，于华光礁礁盘外发现一处探测疑点。西沙群岛海域遗留有大量水下文化遗产，自 20 世纪 90 年代以来多次进行水下考古工作，见证了中国水下考古的一次次进步。2021 年也是中国水下考古的摇篮——福建连江定海湾发现水下遗产 40 周年，本书专题报告《福建连江定海湾水下文化遗产发现 40 年》对这一发展历程进行了回顾。此外，"南岛语族起源与扩散研究"项目于 2021 年 12 月正式被国家文物局纳入"考古中国"重大项目之中，意味着多元一体中华文明探源正在实现"陆海统筹"：在陆域文明探源之外，以东南沿海为重心的海洋文明探源以及相关的海洋文化研究必将获得更多的关注。

2021 年的最后一天，国家海洋考古博物馆（青岛）项目举行签约仪式，标志着全国唯一的水下考古博物馆建设正式拉开帷幕。项目规划占地面积 44 亩，总建筑面积约 2.6 万平方米，总投资约 4 亿元。项目依托国家文物局考古研究中心，将设置国家考古研究中心展区、水下考古修复展区、水下考古巡展展区、青岛海洋考古展区四大展区。此前，国家文物局考古研究中心北海基地已经落户青岛，项目建设进入二期工程。国家海洋考古博物馆建成后，预计将与北海基地形成有效联动，成为我国国家级水下考古及文化遗产的重要展示平台。

（五）海洋遗产保护情况

2020 年底中国与马来西亚联合申报的"送王船"入选联合国教科文组织人类非物质文化遗产代表作名录，带动这项整个闽南地区所共享的海洋民俗活动在 2021 年重新受到大众的关注。2021 年 10 月至 12 月，厦漳泉三地许多社区和宫庙陆续举办了"送王船"活动。①申遗成功大大提升了"送王船"活动的知名度和参与度；2021 年度的"送王船"巡游队伍中出现了不少年轻人，许多人自发地通过短视频、直播等方式在网络上分享宣传。以申遗成功为契机，与"送王船"活动密切相关的"王船"制作技艺也重获生机。在 82 岁的"造王船"技艺省级非遗代表性传承人钟庆丰的协助下，厦门英才小学、华侨大学等学校引入了"王船"相关课程。在学校教育体系之外，地方上还设有漳州保泉宫民俗传习中心、厦门吕厝送王船传习中心、厦门水美宫送王船传习中心等机构。这些机构大多依托宫庙，深入社区工作，有效推动更多居民，特别是年轻人开始学习"王船"的制作技艺和相关知识，保证了该项目活态传承和代际传承的土壤。

---

① 《遗世"船"说》，《福建日报》2021 年 12 月 30 日，第 8 版，https://fjrb.fjdaily.com/pc/con/202112/30/content_ 146763. html。

从 2021 年的情况来看,"送王船"申遗成功之后热度得以延续,大众的关注度正在向文化遗产保护和开发转化。另外,举办"送王船"活动及推广"造王船"技艺提升了居民对地方文化的认同度,加强了社区和乡村的凝聚力,显示了海洋非物质文化遗产在沿海地方治理中的潜在作用。

继 2020 年"送王船"申遗成功后,2021 年 7 月 25 日由中国申报的"泉州:宋元中国的世界海洋商贸中心"在福州举办的第 44 届世界遗产大会上顺利通过评审,作为文化遗产正式列入《世界遗产名录》。值得注意的是,泉州申遗项目在 2020 年经历了"古泉州(刺桐)史迹"到"泉州:宋元中国的世界海洋商贸中心"的更名过程。泉州申遗项目更名意义重大,从时间上定位于 10~14 世纪中国宋元时期,空间上定位于世界海洋商贸体系的东端。与更名同时新增的遗产点——市舶司遗址是宋元时期封建政权在泉州设置的海事管理机构,南外宗正司是泉州发展海洋贸易的重要政治支持,青阳下草埔遗址、德化窑遗址是海洋贸易中的商品在陆地上的生产地;这使得该项目包含的交通、生产和商贸等 22 个遗产点,完整展现了宋元时期泉州高度整合的产运销一体化海外贸易体系以及支撑其运行的制度、社群、文化因素所构成的多元社会系统。泉州正是在这一历史和地理背景下成为世界海洋商贸中心,来自内陆地区的产品通过泉州港进入海洋贸易的国际大循环之中。申遗的过程使得泉州完成了历史上作为中国海洋社会的代表的论述;依托世界文化遗产的地位,今天的泉州可以更进一步,成为联系起海洋中国和陆地中国的文化符号。

二 2021年海洋文化发展新选题

2021 年我们邀请中国水下考古发展历程的亲历者,以福建连江

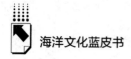

定海湾水下文化遗产发现 40 年为契机，重新审视中国水下考古从福建连江定海湾迈出的第一步；此外，还对中国海洋文明研究的东南重镇——厦门大学海洋史研究团队自 20 世纪 80 年代末以来的发展历程进行了专题回顾。

（一）中国水下考古事业的摇篮——福建连江定海湾水下文化遗产发现40年回顾

长期以来，定海湾的水下文化遗产并不为人所知。1981 年文物工作者在福建省连江县筱埕乡定海村定海湾调查时，发现当地渔民在挖掘烧蛎灰用的海底沉积贝壳时，捞上来一批木质船体构件以及古代陶瓷器、金属器等文物。

1986 年在荷兰阿姆斯特丹举行了中国古代沉船"南京号"出水文物拍卖会，引起了我国党中央、国务院有关领导对水下考古工作的重视，中国开始筹备自主开展水下考古工作。为了加快培养我国的水下考古专业人才，国家文物局批准、中国历史博物馆与澳大利亚阿德莱德大学东南亚陶瓷研究中心合作举办了"中澳合作首届全国水下考古专业人员培训班"，其中第一阶段于 1989 年 9~12 月在山东青岛举行；第二阶段于 1990 年 2~5 月在连江定海白礁附近的南宋沉船遗址（后定名为"白礁一号"沉船遗址）进行水下考古实习。上述工作为我国水下考古工作和水下文化遗产保护事业的开展打下了良好的基础。

此后 10 年间，定海湾的水下考古工作持续进行，主要有"白礁一号"沉船遗址的水下考古发掘（1995 年）以及国家文物局第二期全国水下考古专业人员培训班的水下考古实习（1999~2000 年）等。在第二期全国水下考古专业人员培训班结束之后，定海湾仍陆续进行了多次水下考古调查和遗址发掘工作，取得了许多重要的发现及成果。2001 年，福建省人民政府公布"定海白礁水下沉船遗址"为第五批省级文物保护单位①，这在当时是全国首例。

定海湾水下考古工作不仅取得了许多重要的水下考古发现及研究成果，从这里走出的两期水下考古专业人员培训班的学员们，后来大都成为我国水下考古事业的中坚和骨干，在我国水下考古学科的建立与水下文化遗产保护事业的开创、发展中发挥了极其重要的作用。可以说，定海湾是中国水下考古事业的"摇篮"。

（二）中国海洋文明研究的东南重镇——厦门大学海洋史研究团队30年回顾

20世纪80年代末以来，杨国桢及其领衔的厦门大学海洋史研究团队为中国海洋人文社会科学的学科建设做出了许多奠基性与开创性的工作，他们的研究工作以中国海洋社会经济史为最早的切入点。1996年《联合国海洋法公约》在中国生效，标志着中国现代海洋国家地位的确立。以此为契机，杨国桢先后发表《中国需要自己的海洋社会经济史》和《关于中国海洋社会经济史的思考》，倡导树立中国海洋社会经济史的学科观念，并对"海洋经济""海洋社会"的概念和内涵作出创新性论述，逐渐引起了学术界对中国海洋人文研究的重视。"海洋与中国丛书"（8本）是中国海洋文明研究起步阶段最突出的成果之一，并带动一批学者投入相关研究领域。

进入21世纪，回应联合国"海洋世纪"的提出，厦门大学进一步加强了海洋史研究的专门化建设，提出"二十年磨一剑，形成具有独特风格、气派和特色的中国海洋史学"的新目标。杨国桢强调，海洋史研究必须摆脱以往陆地史观的范式，在两个层次上"以海洋为本位"：一是地理空间上以海洋空间为本位，把握海洋活动

---

① 福建省人民政府：《福建省人民政府关于公布第五批省级文物保护单位及其保护范围的通知》，《福建政报》2001年第5期，第38~46页。

流动性、越境性的特点，不以陆地边界设限；二是在研究对象上以海洋社会为本位，研究海洋社会中的结构、经济方式及其孕育的海洋人文。2020年入选中国历史学研究十大热点之一的"'新海洋史'中海洋本位思想的确立及其影响"，与这一思想显然存在一脉相承的关系。2003~2006年"海洋中国与世界丛书"（12本）相继出版，为学科建设开拓出海洋灾害史、海洋文化史、航海技术史、海洋考古等研究领域。其他重要成果还有王日根的《明清海疆政策与中国社会发展》、曾玲的《越洋再建家园：新加坡华人社会文化研究》等。

近十年来，厦门大学海洋史研究团队持续奉献出丰硕的成果，包括杨国桢主编《中国海洋文明专题研究》（10册，2016年）、王日根主编"海上丝绸之路研究丛书"（12册，2018年）、杨国桢等著"中国海洋空间丛书"（4册，2019年）等。2019年1月，杨国桢主编的"海洋与中国研究丛书"（25册）出版发行，对厦门大学海洋史研究团队30年来在海洋史各领域的前沿研究成果进行了一次集中的展示。

回溯厦门大学海洋史研究团队30年发展历程，可以看到中国海洋文明研究经历了漫长而艰辛的创建和发展，但中国学人的坚定不移、持之以恒的精神，推动着中国海洋人文社会科学研究进入当代的主流视野。面对国家提出建设"海洋强国"和"一带一路"倡议的历史条件，新一代学者必将在新的历史时期再创新的辉煌。

三 2022年中国海洋文化发展问题与展望

2022年，新冠肺炎疫情的持续多发，使很多事情充满了不确定性，特别是海洋会展、海洋节庆等需要线下环节的大型活动难以开展，但滨海旅游业如能顺应新趋势将有望恢复快速增长。海洋意识教育、海洋文化研究、海洋考古等领域已经摸索出了成熟的应对方式，正在有条不紊地推进；如何利用好两项中国海洋文化遗产连续申遗成功的后续效应，是2022年度相关领域的重要课题。

（一）滨海旅游业聚焦短途化、精品化

旅游业在2021年迎来复苏的同时，出现了新的发展趋势：在疫情防控常态化、省市间流动受到限制的情况下，游客更加偏好在居住地周边进行短时间、高频次的旅游，并以释放压力、休闲度假为主。这对传统以自然观光为主体的滨海旅游业提出了更高的要求。根据这一趋势，2022年的滨海旅游业应更多聚焦于本地游、本省游等短途游客市场。一是对接沙滩露营、房车营地等新型"网红"旅游产品，为自驾出游、亲子出游提供配套设施和服务；二是推动文旅融合，打造文化主题游、科普研学游、海洋康养游等特色精品，全面优化本地深度游的产品体系；三是扎扎实实做好景区管理，提升服务质量，改善游客体验，争取留下周边旅游市场的"回头客"。

（二）借力连续申遗成功，推动海洋文化建设

长时间以来，农业文明被放大为中华文明的唯一，海洋文明在主流知识体系中存在边缘化倾向。2020年"送王船"、2021年泉州的连续申遗成功，为中国的传统海洋文明积累了相当的关注度，也为推动当代中国海洋文化建设提供了最佳的时机。一是从现有世遗项目出发，对相关海洋文化资源进行全面盘点和价值评估；二是发挥世遗项目的后续效应，激发当地民众的文化自信和对海洋文化的自发认同，为相关海洋文化遗产的保护和传承创造良好的环境和土壤；三是将中国的涉海世界文化遗产纳入教育体系和海洋意识宣传体系，使新一代公民对中国海洋文化获得具象化、当代化的认知。

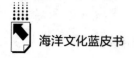

（三）启动海洋文化资源调查，明确中国海洋文化内涵

从国家中长期发展的规划看，2035 年我国将基本实现海洋强国的战略目标。"海洋强国"是社会发展的综合性目标，不仅包括海洋经济、海洋科技、海洋生态等建设指标，也包括与海洋强国相匹配的、具有中华民族生产与生活特征的海洋文明知识体系，以及全体公民的海洋意识的提高。对此，应启动中国涉海文化资源的调查，以此形成对中国海洋社会、海洋生产方式、海洋建设以及海洋人文发展中的基础成分与基本形态的挖掘、整理与研究；在此基础上初步构建基于中国经验之上，具有中国特色的海洋文化基础理论架构与知识体系。

专 题 篇
Special Reports

B.2
2021年中国海洋史研究专题报告

林旭鸣*

摘　要： 2021 年，响应习近平总书记号召，中国海洋史研究向海洋进军，为加快建设海洋强国，推动海洋命运共同体的形成出谋划策。同时在以往的基础上推进自身学术创新及学科建设，取得了丰硕成果。2021 年的研究呈现不断进步的趋势，"新海洋史"不断清晰，海洋本位进一步明确，海域史、全球史、整体史的视野得到了更广泛的应用，人海关系、海陆互动之外不同海域间的互动也备受关注。

关键词： 中国海洋史研究　海洋强国　海洋命运共同体　新海洋史

---

* 林旭鸣，广东省社会科学院历史与孙中山研究所（海洋史研究中心）助理研究员，研究方向为海洋史。

2021 年，中国学者以中、外文发表、出版的海洋史论著（含研究生学位论文）约有 300 部（篇）以上。研究内容涵盖海洋政策与海防、海洋权益与开发、海洋人群与海洋社会、海洋贸易、海洋日常生活、海洋知识等方方面面，涉及的空间遍及各大海域，成果丰硕，取得长足进展。本报告择要加以分析介绍，力有不逮，难免疏漏，不当之处，敬祈方家不吝赐教。

一　整体与区域海洋

用长时段和整体观念分析海洋史，一直是学者们不断尝试的工作。有学者以全球史的视角为海上丝绸之路研究提供新的示范①，指出了郑和下西洋活动的海权属性②，追溯清帝国的海洋关怀。③ 区域海洋方面，学者们也多有创见，如对唐宋以来滨海地区进行较为深入的专题研究或个案研究④及延续数十年的元明之际山东半岛的功能从商业转口港湾再到军事要地转型。⑤

二　海洋权益与海洋开发和管理

海洋管理方面，2021 年学者们对各制度有更深入的探讨。刘健

---

① 李伯重、董经胜编《海上丝绸之路：全球史视野下的考察》，社会科学文献出版社，2021。
② 张晓东：《郑和下西洋的海权性质》，《史林》2021 年第 4 期。
③ 布琼任：《海不扬波：清代中国与亚洲海洋》，台湾时报文化出版社，2021。
④ 尹玲玲：《滨海历史地理——唐宋以来滨海地区的经济、环境与社会研究举例》，复旦大学出版社，2021。
⑤ Ma Guang, *Rupture*, *Evolution*, *and Continuity*: *The Shandong Peninsula in East Asian Maritime History During the Yuan-Ming Transition*, Wiesbaden: Harrassowitz Verlag, October 2021.

考察古代两河流域国家对海湾的政策。① 学者们对明朝的沿海卫所②、清代两浙海塘的沙水奏报及其作用③、明清时期崇明潮灾与地方的应对④、明清珠江口水埠管理制度的演变⑤、粤海关对珠江口湾区贸易的监管⑥、粤海关税务司署档案目录与文本问题⑦以及黎、越南阮朝对清朝商船的检查⑧和近代中、英、印围绕鸦片税厘征收的博弈⑨乃至17世纪至20世纪中国棉花检验制度的变化及趋势⑩、新中国成立初期对进出口私商的管理制度变化均有考察。⑪

在移民政策与外交交涉问题上，2021年的研究涉及了以往较少提到的国家与地区，如晚清中国与澳大利亚、新西兰就排华立法展开

① 刘健：《古代两河流域国家对海湾政策的演变和调整》，《史林》2021年第6期。

② 宫凌海：《控扼东南：明代浙江卫所与海洋管理研究》，上海人民出版社，2021。

③ 王大学：《清代两浙海塘的沙水奏报及其作用》，《史林》2021年第4期。

④ 李亚南：《明清时期的崇明潮灾与地方应对》，《江南社会历史评论》第19期，商务印书馆，2021。

⑤ 杨培娜、罗天奕：《明清珠江口水埠管理制度的演变——以禾虫埠为中心》，《海洋史研究》第17辑，社会科学文献出版社，2021。

⑥ 阮锋：《清前中期粤海关对珠江口湾区贸易的监管——以首航中国的法国商船安菲特利特号为线索的考察》，《海洋史研究》第17辑，社会科学文献出版社，2021。

⑦ 李娜娜：《粤海关税务司署档案目录与文本问题初探》，《海洋史研究》第17辑，社会科学文献出版社，2021。

⑧ 黎庆松：《越南阮朝对清朝商船搭载人员的检查（1802—1858）》，《海洋史研究》第17辑，社会科学文献出版社，2021；黎庆松：《19世纪上半叶越南阮朝对入港清朝商船货项的查验》，《暨南史学》第22辑，暨南大学出版社，2021。

⑨ 王宏斌：《中、英、印围绕鸦片税厘征收之博弈（1876—1885）》，《中国历史研究院集刊》2021年第1辑，社会科学文献出版社，2021。

⑩ 李佳佳：《全球视野中近代中国棉花检验制度的建立与演进》：《湖北大学学报》（哲学社会科学版）2021年第4期。

⑪ 严宇鸣：《新中国成立初期进出口私商的管理制度变革——基于上海口岸的历史考察》，《中共党史研究》2021年第3期。

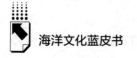

的连番交涉及其失败①、"美国例外论"对美国收紧移民政策的影响②、近代巴西的东亚移民政策逐渐偏向日本的取向③、关税特别会议与英国对华海关新政策④及中法有关广州湾租借地设置海关管理的交涉。⑤

在维护海洋主权等问题上，2021 年度亦有不少新成果。包括1929 年中国实行新税则后划定海关缉私界线事件⑥、抗战胜利以后中国收复南海诸岛⑦、南海诸岛海事建设⑧和钓鱼岛主权争议及海外保钓运动等。⑨

三 海洋航运与商业、贸易与军事

航路、航线是 2021 年学者较为关心的话题。学者们就三国时期孙吴

---

① 张丽：《晚清时期有关澳洲、新西兰排华立法的中外交涉》，《暨南学报》（哲学社会科学版）2021 年第 5 期。
② 伍斌：《例外论与 19 世纪美国对外来移民的排斥》，《中国历史研究院集刊》2021 年第 1 期，社会科学文献出版社，2021。
③ 杜娟：《弃中取日：近代巴西东亚移民政策的转变》，《世界历史》2021 年第 4 期。
④ 傅亮：《关税特别会议与英国对华海关新政策（1925—1926）》，《史林》2021 年第 6 期。
⑤ 郭康强：《中法关于广州湾租借地设关的交涉（1901—1913）》，《海洋史研究》第 17 辑，社会科学文献出版社，2021。
⑥ 柴鹏辉：《南京国民政府时期海关缉私界线划定述论》，《中国边疆史地研究》2021 年第 3 期。
⑦ 程玉祥：《1947 年中法西沙群岛事件之交涉》，《中国边疆史地研究》2021 年第 1 期；程玉祥：《抗战胜利后中国南海断续线的划定》，《民国档案》2021 年第 3 期。
⑧ 许峰源编《民国时期南海主权争议：海事建设》，民国历史文化学社，2021。
⑨ 张海鹏：《钓鱼岛主权争议与保钓前途——纪念海外保钓运动五十周年》，《台湾历史研究》2021 年第 1 期。

与辽东地区的海上交流[1]、开辟欧亚新航路的若干问题和历史作用[2]、俄美公司在北太平洋的殖民活动[3]、晚清轮船运输改变民营通信的经营[4]以及孙中山革命活动的航程等展开讨论。[5]

与航线密切相关的港口与灯塔，2021年内也吸引了不少学者关注。学者对双屿港[6]、上川岛[7]均进行了考古调查，分析了12世纪地中海港口巴勒莫[8]、东亚海域港口整体[9]、朝鲜北部清津、罗津、雄基三港[10]以及近代东亚灯塔体系。[11]

海洋商业向来为学者关注，2021年也不例外。上海沙船业备受关注[12]，庄号如何进入北美的侨汇市场[13]、晚清泛珠三角贸易中华商人与粤海

---

[1] 金洪培、王建辉、王丹丹：《三国时期孙吴与辽东地区的海上交流》，《海交史研究》2021年第4期。

[2] 张箭：《开辟欧亚新航路的若干问题和历史作用》，《海交史研究》2021年第1期。

[3] 梁立佳：《皮毛与帝国：俄美公司在北太平洋地区殖民活动研究（1799—1825）》，中国社会科学出版社，2021。

[4] 张子健：《轮船运输与晚清民营通信的空间转型》，《史学月刊》2021年第5期。

[5] 安东强：《1905～1911年孙中山的海上革命之旅》，《理论月刊》2021年第8期。

[6] 贝武权：《双屿港16世纪遗存考古调查报告》，《海洋史研究》第17辑，社会科学文献出版社，2021。

[7] 肖达顺：《上川岛海洋文化遗产调研报告》，《海洋史研究》第17辑，社会科学出版社，2021。

[8] 朱明：《12世纪的地中海世界与巴勒莫的兴起》，《世界历史》2021年第6期。

[9] 郑永常：《瞬间千年：东亚海域周边史论》，台湾远流出版公司，2021。

[10] 杨蕾、祁鑫：《近代日本"北进"战略与"北鲜三港"开发》，《海洋史研究》第17辑，社会科学文献出版社，2021。

[11] 伍伶飞：《"西风已至"：近代东亚灯塔体系及其与航运格局关系研究》，厦门大学出版社，2021。

[12] 范金民、陈昱希：《清代前期沙船业的沿海贸易活动——以上海商船会馆为中心的考察》，《海交史研究》2021年第1期；刘锦：《变与不变：近代上海沙船商人家族衍变史》，《社会史研究》第11辑，社会科学文献出版社，2021。

[13] 李培德：《从递解侨汇到延伸网络——1899至1912年香港金山庄华英昌账簿分析》，《人文及社会科学集刊》第33卷第1期，"中研院"人文社会科学研究中心，2021，第141～177页。

常关的积极作用等也比较受重视。① 糖业是今年海洋商业研究中的一个颇受关注的焦点，学者们论述东亚糖业史②、19 世纪中美蔗糖贸易变迁③、近代日本砂糖产业等方面。④ 2021 年内，琉球与周边的交往在海洋史研究中继续受到关注，学者们在机构建置⑤、人员流动⑥、文化交流⑦等方面均有成果。

船只与海上力量方面，2021 年学界持续推进，在考古、复原上有较大进展。⑧ 在海洋军事活动方面，研究也不断细化。学者们关注

① 侯彦伯：《晚清泛珠三角模式的贸易特色：华商、中式帆船与粤海常关的积极作用（1860~1911）》，《中国经济史研究》2021 年第 6 期。
② 赵国壮：《东亚糖业史研究》，科学出版社，2021。
③ 杜伟：《19 世纪中美蔗糖贸易变迁及其原因》，《历史档案》2021 年第 3 期。
④ 瞿亮、张承昊：《砂糖产业与近代日本的南方扩张》，《世界历史》2021 年第 5 期。
⑤ 伍媛媛：《清宫档案里的柔远驿——中国与琉球历史交往的特设机构》，《清史论丛》，社会科学文献出版社，2021。
⑥ 方宝川、徐斌、张沁兰：《"闽人三十六姓"移居琉球史料钩沉及其史实考析》，《海交史研究》2021 年第 3 期。
⑦ 陈颖艳：《〈历代宝案〉的版本演变与收藏》，《历史档案》2021 年第 4 期；沈玉慧：《18 世纪经由琉球途径的清日文化交流》，《人文及社会科学集刊》第 33 卷第 1 期，"中研院"人文社会科学研究中心，2021，第 81~111 页；陈泽平：《琉球官话课本三种校注与研究》，福建人民出版社，2021；王琳：《清代琉球官话课本新探——对于"得""替""给"多功能性的考察》，南开大学出版社，2021。
⑧ 张晓东：《隋唐海上力量与东亚周边关系》，台湾花木兰文化事业有限公司，2021；秦大树、王筱昕、李含笑：《越南发现的巴地市沉船初议》，《海洋史研究》第 17 辑，社会科学文献出版社，2021；黄纯艳、冯辛夷：《"南海I号"研究中历史文献与考古资料的相互补证——对现有研究史料和路径的检讨》，《海交史研究》2021 年第 1 期；金成俊、崔云峰：《高丽初罗州船吨位的推算及验证》，《海交史研究》2021 年第 3 期；宋上上：《明代南京兵部船厂位置考》，《海交史研究》2021 年第 3 期；姜波：《港口、沉船与贸易品：海上丝绸之路的考古发现与研究》，《海交史研究》2021 年第 4 期；姜波：《沉舰、军港与海战场——考古学视野下的北洋海军史》，《自然与文化遗产研究》2020 年第 7 期；胡可一：《中国风帆绝响："海安"号巡航舰复原记》，江南造船展示馆，2021；何爱民：《18 世纪瑞典东印度公司商船的航海生活——以"卡尔亲王"号 1750—1752 年航程为例》，《海洋史研究》第 17 辑，社会科学文献出版社，2021。

了嘉靖年间少林武僧在上海地区的抗倭活动①、林道乾在台湾的定居考察②、季风、热带气旋控制下闽南民众的海上生活③以及林爽文起事时清政府兵力与补给的跨海投送等。④

四 海上群体与个体研究

2021年，海上群体研究取得许多成果。刘志伟指出，海上人群是中国海洋历史的主角。⑤ 学者们考察秦汉时期滨海人群的身份认同⑥、古典时代的"食鱼部落"⑦、海洋因素在韩江下游的重要性⑧、明清时期杭州湾南岸的盐场社会与地权格局⑨、明代琼州的边缘岛屿文化对大陆中原文化的认同⑩、泉州亚美尼亚人聚居区的形成等内容。⑪

---

① 张剑光、张宝月：《嘉靖年间少林武僧在上海地区的抗倭活动》，《江南社会历史评论》第19期，商务印书馆，2021。

② 徐晓望：《早期台湾秘史：论晚明海寇林道乾在台湾的活动》，《人文及社会科学集刊》第33卷第1期，"中研院"人文社会科学研究中心，2021，第5~34页。

③ 李智君：《风下之海：明清中国闽南海洋地理研究》，商务印书馆，2021。

④ 李智君：《清代大陆兵力对台湾的跨海投送——以乾隆朝平定林爽文的战争为例》，《南国学术》2021年第1期。

⑤ 刘志伟：《海上人群是中国海洋历史的主角》，《历史教学》2021年第9期。

⑥ 陈鹏：《秦汉时期滨海人群的身份认同》，《人文杂志》2021年第8期。

⑦ 庞纬：《"失语"者：西方古典视域下的食鱼部落》，《海洋史研究》第18辑，社会科学文献出版社，2022。

⑧ 陈春声：《地方故事与国家历史：韩江中下游地域的社会变迁》，生活·读书·新知三联书店，2021。

⑨ 蒋宏达：《子母传沙——明清时期杭州湾南岸的盐场社会与地权格局》，上海社会科学院出版社，2021。

⑩ 李彩霞：《乡族·科举·港口：明代琼州文人地理网络与地缘认同》，《中国历史地理论丛》2021年第3期。

⑪ 李静蓉：《蒙古帝国与亚美尼亚的关系及居留泉州的亚美尼亚人》，《海交史研究》2021年第3期。

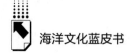

珠三角开发论述者不少，分别从宋元香山县沙田开发①、19世纪香山县近海人群的沙田开发与秩序构建②、清初珠江口的地方社会③及大亚湾区盐业社会等展开。④ 对近代硇洲岛也有关照。⑤

　　海外华人华侨群体研究方面，东南亚仍是热门，其他地区也有涉及，主要包括越南⑥、荷据时期大陆商人在台湾⑦、近代印度洋西岸的华商⑧、马来西亚华侨华人身份认同⑨、海峡殖民地⑩、墨西哥华人移民群体⑪以及云南省归难侨民⑫等。在具体的个体或人群上，学者们有不少颇有新

① 吴建新：《宋元环珠江口的县域变迁与土地开发——以香山县为中心》，《海洋史研究》第17辑，社会科学文献出版社，2021。
② 李晓龙：《再造灶户：19世纪香山县近海人群的沙田开发与秩序构建》，《海洋史研究》第17辑，社会科学文献出版社，2021。
③ 张启龙：《民间文献所见清初珠江口地方社会——"桂洲事件"的再讨论》，《海洋史研究》第17辑，社会科学文献出版社，2021。
④ 段雪玉、汪洁：《明清至民国广东大亚湾区盐业社会——基于文献与田野调查的研究》，《海洋史研究》第17辑，社会科学文献出版社，2021。
⑤ 吴子祺：《戏金、罟帆船与港口：广州湾时期碑铭所见的硇洲海岛社会》，《海洋史研究》第17辑，社会科学文献出版社，2021。
⑥ 平兆龙：《越南史籍中华侨华人的称谓与界定》，《华侨华人历史研究》2021年第3期。
⑦ 杨彦杰：《荷据时期大陆商人在台湾的发展》，《台湾历史研究》2021年第1期。
⑧ 徐靖捷：《近代印度洋西岸的华商活动及支持网络》，《海洋史研究》第18辑，社会科学文献出版社，2022。
⑨ 孙志伟：《从客居到融入：马来西亚华侨华人身份认同的生成与演变》，社会科学文献出版社，2021。
⑩ 宋燕鹏：《神缘集聚、地缘认同与社团统合——19世纪以来马六甲广东社群的形塑途径》，《河北师范大学学报》2021年第6期；郭慧英：《帝国之间、民国之外：英属香港与新加坡华人的经济策略与"中国想象"（1914~1941）》，季风带文化出版社，2021。
⑪ 李安山：《墨西哥华人移民的抗争与奋斗》，《华侨华人文献学刊》第8辑，社会科学文献出版社，2021。
⑫ 舒璋文、庞艳宾：《地方记忆与日常生活——越南归难侨的家园建构》，《华侨华人历史研究》2021年第3期。

意的发现。如通过考察林必秀①、福建巡抚许孚远②、以郑氏家族为代表的福建海商③、晚明渡日华侨陈元赟④、17世纪在东亚海域交流中活跃的华人海商魏之琰⑤、朝鲜人赵完璧和金大璜⑥、18~19世纪珠江口的小人物黄东⑦、《海语》作者黄衷⑧、英国医学传教士马士敦⑨、清末广东嘉应叶家⑩、近代广东侨乡家产分配⑪、秘鲁华工何广培⑫、"契纸儿女"⑬、海南的南海老船长等人物的事迹来反映华侨的活动。⑭

---

① 李庆：《明万历初年中国与西属菲律宾首次交往考述》，《历史研究》2021年第3期。

② 葛兆光：《难得儒者知天下——侧写朝贡圈》，《读书》2021年第12期。

③ 郑维中：《海上佣兵：十七世纪东亚海域的战争、贸易与海上劫掠》，蔡耀纬译，卫城出版社，2021；林梅村：《观沧海——青花瓷、郑芝龙与大航海时代的文明交流》，联经出版公司，2021。

④ 刘家幸：《诗心与佛教——晚明渡日华侨陈元赟诗歌厘探》，《汉学研究》第39卷第3期，"中研院"汉学研究中心，2021。

⑤ 叶少飞：《17世纪东亚海域华人海商魏之琰的身份与形象》，《海洋史研究》第17辑，社会科学文献出版社，2021。

⑥ 陆小燕：《17世纪朝鲜人赵完璧和金大璜的安南之旅》，《海交史研究》2021年第4期。

⑦ 程美宝：《遇见黄东：18~19世纪珠江口的小人物与大世界》，北京师范大学出版社，2021。

⑧ 司志武：《明代海上交通史料〈海语〉及其作者黄衷生平事迹考辨》，《暨南史学》第22辑，暨南大学出版社，2021。

⑨ 崔军锋、吴巍巍：《英国医学传教士马士敦在华活动研究（1899~1937）》，《海交史研究》2021年第2期。

⑩ 沈惠芬：《"离而不散"：近代华人移民的跨域流动与故土联结——以清末广东嘉应叶家侨批为例》，《世界民族》2021年第2期。

⑪ 罗佩玲：《近代广东侨乡家产分配新形态初探——以两家博物馆馆藏文书为主的分析》，《华人华侨历史研究》2021年第4期。

⑫ 王延鑫：《时局下的个人：华工何广培出洋经历的跨国史考察》，《全球史评论》第20辑，商务印书馆，2021。

⑬ 罗艳丽：《中美关系框架下的"契纸儿女"叙事》，《华侨华人文献学刊》第8辑，社会科学文献出版社，2021。

⑭ 周伟民、唐玲玲：《南海老船长采访实录（2016~2017）》，《天涯》2021年第6期。

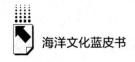

也有一些学者关注到海洋史上的女性迁移、生计、人身保护等问题。①

五　海洋日常生活、物质文化与宗教礼仪

2021 年度海洋史研究，在日常生活这一新主题下取得不少突破，留意到此前鲜少关注的内容。在日常生活的精神层面，学者探讨西方游泳文化在中国的形成与发展。② 海洋医疗史一如既往受到学者们的重视。学者们关注中世纪丝绸之路上的药物辨伪知识传播③、医学拉丁文在近代中国的传播与社会尤其是留日学生的反应④、18 世纪至19 世纪初英美医疗信息的跨洋传播⑤、民国政府的卫生治理全球化⑥、近代旅外华人对海上卫生检疫的认知⑦、一角鲸的鱼齿形象在日本江户时代的变化⑧以及日据时期朝鲜与中国的药材贸易。⑨

---

① 范若兰：《二战前海南妇女的曲折出洋之路——以英属马来亚为例》，《华侨华人文献学刊》第 8 辑，社会科学文献出版社，2021。
② 潘淑华：《闲暇、身体与政治：近代中国游泳文化》，台大出版中心，2021。
③ 陈巍、靳宇智：《古代丝路上的药物辨伪知识传播——以中世纪伊斯兰市场监察手册为线索》，《海交史研究》2021 年第 2 期。
④ 张蒙：《医学拉丁文在近代中国：传教士的帝国话语与留日学生的在地反抗》，《史林》2021 年第 4 期。
⑤ 丁见民：《18 世纪到 19 世纪初期英美医疗信息的跨大西洋交流》，《历史教学（下半月刊）》2021 年第 10 期。
⑥ 周晓杰：《民国政府与卫生治理全球化：以海港检疫为例》，《海交史研究》2021 年第 2 期。
⑦ 李彬：《近代旅外华人对海上卫生检疫的认知与影响》，《海交史研究》2021 年第 2 期。
⑧ 邢鑫：《北海奇珍：日本江户时代的一角形象及其变迁》，《海交史研究》2021 年第 2 期。
⑨ 黄永远、陈琦：《日据时期朝鲜与中国的药材贸易初探》，《海交史研究》2021 年第 2 期。

在物质文化层面,辽西地区新石器时代的出土海贝①和细石器时代西樵山的海侵现象均受关注。② 非洲发现的早期中国贸易瓷器也引起重视。③ 明清时期外来农作物④、清宫西洋贡品⑤、中西富贵人家西方奢侈品消费同步⑥、16 世纪以后欧洲市场需求导致中国外销瓷面貌发生重大改变等亦受重视。⑦ 广受近代寓沪外侨青睐的船屋"无锡快"⑧、舶来品啤酒⑨、晚清民国海外的中餐馆等话题也相当火热。⑩华人移民和澳大利亚、新西兰生态变化间的关系也被提及。⑪ 而 2021年,渔业相关研究持续推进。⑫ 此外,学者有从小物件看大历史的创

---

① 范杰、田广林:《辽西新石器时代的海陆互动——以出土海贝为中心》,《海洋史研究》第 17 辑,社会科学文献出版,2021。
② 张弛、余章馨、黄剑、朱竑:《广东南海西樵山新发现细石器年代与海侵现象研究》,《海洋史研究》第 17 辑,社会科学文献出版,2021。
③ 秦大树、李凯:《非洲发现的早期中国贸易瓷器及其发展变化》,《海洋史研究》第 18 辑,社会科学文献出版社,2022。
④ 崔思朋:《明清时期丝绸之路上农作物传播及对中国的影响》,《全球史评论》第 20 辑,商务印书馆,2021。
⑤ 伍媛媛:《清宫西洋贡品考略》,《历史档案》2021 年第 2 期。
⑥ 张丽:《中西富贵人家西方奢侈品消费之同步——基于〈红楼梦〉的考察分析》,《海洋史研究》第 17 辑,社会科学文献出版,2021。
⑦ 王冠宇:《葡萄牙人东来与 16 世纪中国外销瓷器的转变——对中东及欧洲市场的观察》,《海洋史研究》第 17 辑,社会科学文献出版,2021。
⑧ 赵莉:《"无锡快"船屋与近代上海外侨生活探究》,《海交史研究》2021 年第3 期。
⑨ 刘群艺:《啤酒与麦酒:舶来品译名的东亚视角》,《清华大学学报》(哲学社会科学版)2021 年第 6 期。
⑩ 周松芳:《饮食西游记——晚清民国海外中餐馆的历史与文化》,生活·读书·新知·三联书店,生活书店出版有限公司,2021。
⑪ 费晟:《再造金山——华人移民与澳新殖民地生态变迁》,北京师范大学出版社,2021。
⑫ 严晨:《中国近代海产品的进出口结构与要素分析》,《贵州社会科学》2021 年第 7 期。

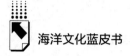

新。如通过贝币①、茶叶和鸦片切入，深度揭示中国全球化中的真实状况。②

在海洋宗教方面，2021 年学者关注较少，但仍有不少出彩的作品。如东晋至两宋时期佛教文化是中国与印度尼西亚诸岛的贸易纽带及信息通道③、唐宋商人是中日佛教交流的重要推动者④、明清时期天主教在华面对的法律与政治的互动与挑战⑤及对元代泉州湿婆寺的复原等。⑥

六 海洋舆图与海洋知识

2021 年，学者继续此前的趋势，对海洋历史地图、海洋知识等内容继续深入探索。此外，还引入了照片等新的研究对象。如对元初由郭守敬主持的天文大地测量"四海测验"的考辩⑦、为《皇明外夷朝贡考》作校注⑧、研究英国牛津大学所藏明朝末年闽南海商绘制的

---

① 杨斌：《海贝与贝币：鲜为人知的全球史》，社会科学文献出版社，2021；杨斌：《当自印度洋返航——泉州湾宋代海船航线新考》，《海交史研究》2021 年第 1 期。

② 仲伟民：《茶叶与鸦片：十九世纪经济全球化中的中国》，中华书局，2021。

③ 何方耀：《东晋至两宋中国与印尼佛教文化交流互动考述》，《海交史研究》2021 年第 3 期。

④ 姚潇鸫：《唐宋商人：9 世纪中叶后中日佛教交流不可或缺的新助力》，《宗教学研究》2021 年第 1 期。

⑤ 谭家齐、方金平：《天道廷审：明清司法视野下天主教的传播与限制》，香港城市大学出版社，2021。

⑥ 李俏梅、肖彩雅：《华肆有番佛：泉州的泰米尔商人寺庙》，《海交史研究》2021 年第 4 期。

⑦ 郭津嵩：《元初"四海测验"地点与意图辩证——兼及唐开元测影》，《文史》2021 年第 2 期。

⑧ 陈鸿瑜：《皇明外夷朝贡考校注》，新文丰出版公司，2021。

大型东方航海图①、考证 1636~1668 年荷兰东印度公司人员在台湾周边海域的水文调查活动②、对清末"海权"概念在中国的传播和含义变化做分析③、发掘与整理并考证了阿拉伯地理古籍中的丝绸之路中国段的原始文献④、考察《海国图志》出版之初西方人对其的评论⑤、关注日本《清俗纪闻》的编纂与清代江浙海商的关系⑥、考察19 世纪后半叶英国海军对中国北方沿海海洋地理资讯的获取及利用等。⑦ 学者们又对晚明白话小说中的海盗书写⑧、拍摄于 19 世纪末至20 世纪初的海上丝绸之路沿线地区的照片⑨、日本统治时期海南岛与南海的照片,⑩ 以及"海上丝绸之路"概念在文化遗产维度的知识生产过程与特点等内容加以论证。⑪

---

① 周运中:《牛津藏明末闽商航海图研究》,兰台出版社,2020。

② 郑维中:《荷兰东印度公司人员在台湾周边海域的水文调查活动(1636~1668)》,《人文及社会科学集刊》第 33 卷第 1 期,"中研院"人文社会科学研究中心,2021,第 35~79 页。

③ 王昌:《清末"海权"概念考释》,《河北学刊》2021 年第 6 期。

④ 郭筠:《书苑撷英:阿拉伯地理古籍中的中阿海上丝路交往》,文化艺术出版社,2021。

⑤ 张坤、田喻:《〈海国图志〉出版之初的西人评介》,《海交史研究》2021 年第1 期。

⑥ 李雪花:《江户时代〈清俗纪闻〉的编纂及相关问题研究》,《郑州大学学报》(哲学社会科学版)2021 年第 5 期。

⑦ 游博清:《英国海军与中国北方沿海海洋地理资讯的建立及其相关作用(1861—1894)以出版物为主的分析》,《新史学》第 32 卷第 2 期,2021。

⑧ Yuanfei Wang, *Writing Pirates: Vernacular Fiction and Oceans in Late Ming China*, Ann Arbor: University of Minhigan Press, May 2021.

⑨ 徐宗懋图文馆编《海上丝路世界百年稀见历史影像修复与考订》,商务印书馆,2021。

⑩ 阚正宗导读《日治时期海南岛与南海写真照片》,台湾博扬出版社,2021。

⑪ 赵云、燕海鸣:《海上丝绸之路:一个文化遗产概念的知识生产》,《故宫博物院院刊》2021 年第 11 期。

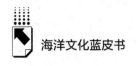

七　海洋学术史

2021 年度，学者们对海洋史的学术回顾与梳理相当细致，涉及多层次多角度，也对未来的学科发展做出展望。学者们梳理了中国海洋史研究的学术史①，回顾中国海疆史的研究历程②，又回顾国内外太平洋史研究③和印度洋史研究的历程④。学者又对 19 世纪中叶以来俄罗斯北方海航道开发历史的研究⑤、对华侨农场的研究⑥、19 世纪英国档案中提到的海峡殖民地华侨华人文献⑦、中国近海污染史研究⑧、英国海外殖民对于东方学研究的推进等均有回顾。⑨

---

① 张小敏：《中国海洋史研究的发展及趋势》，《史学月刊》2021 年第 6 期。
② 侯毅：《中国海疆史研究回顾与展》，《中国边疆学》第 14 辑，社会科学文献出版社，2021。
③ 汪诗明、刘舒琪：《太平洋史与太平洋国家史研究刍议》，《全球史评论》第 20 辑，商务印书馆，2021。
④ 陈博翼：《纵横：如何理解印度洋史》，《海洋史研究》第 18 辑，社会科学文献出版社，2022；朱明：《21 世纪以来印度洋史研究的全球史转向》，《海洋史研究》第 18 辑，社会科学文献出版社，2022。
⑤ 徐广淼：《19 世纪中叶以来俄罗斯北方海航道开发历史研究述评》，《福建师范大学学报》（哲学社会科学版）2021 年第 5 期。
⑥ 童莹、王晓：《被迫回流移民安置的中国经验——华侨农场研究的回顾与展望》，《华人华侨历史研究》2021 年第 4 期。
⑦ 黄靖雯、〔美〕安乐博：《19 世纪英国档案对海峡殖民地华侨华人的文献概述》，《海洋史研究》第 17 辑，社会科学文献出版社，2021。
⑧ 赵九洲、刘庆莉：《中国近海污染史研究述评》，《海洋史研究》第 17 辑，社会科学文献出版社，2021。
⑨ 李伟华：《英国的海外殖民与东方学研究——以 1827—1923 年〈皇家亚洲学会会刊〉印度学研究成果为中心》，《海洋史研究》第 18 辑，社会科学文献出版社，2022。

八　学术活动

　　2021年9月18日至19日，第二届"宋元与东亚世界"高端论坛暨新文科视野下古代中国与东亚海域学术研讨会在浙江工商大学召开。海洋是该次会议最核心的议题，学者们提交的海洋史论文主要涉及地理概念、学术史和贸易等角度。除集中讨论海洋问题的论文之外，海洋作为一个幕后的概念或隐藏的场域依然暗含于众多参会论文中。2021年10月22日至24日，该校又召开"东亚视域下的中日文化关系——以赴日中国人为中心"国际学术研讨会，亦有不少海洋史上的中日交流的讨论。

　　值得一提的是，广东省社会科学院海洋史研究中心在2021年的海洋史学术活动中表现活跃。2021年10月11至13日，广东省社会科学院海洋史研究中心连同广州海事博物馆、广东历史学会、中国博物馆协会航海博物馆专业委员会主办的"唐宋时期广州与海上丝绸之路"学术研讨会在广州召开，该次会议围绕唐宋海上交通贸易、航海与造船、广州与世界市场、海上丝绸之路考古发现、南海神庙、东西方文化交流与传播等议题展开讨论。这次会议同时是广州海事博物馆开馆以来的首次高端学术活动，与会嘉宾和学者对该馆的建设予以高度评价。

　　2021年10月28日，广东省社会科学院历史与孙中山研究所所长、海洋史研究中心主任李庆新研究员主持的"明清至民国南海海疆经略与治理体系研究"项目获得立项资助。本项目以海洋-海疆研究为本位，从南海历史地理空间出发，分为五个子课题，系统深入探讨明清至民国时期我国南海经略与海疆治理的基本内容与发展脉络，总结中国海疆发展治理的内在规律，从学理上凝练提升中国海洋史、海疆史研究理论体系，全面拓展海洋史与海疆史研究的内涵，凝聚学术力量，锻炼学科团队，为构建中国特色、中国风格和中国气派的海

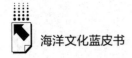

洋史-海疆史学术体系和话语体系做出贡献，促进诸如海洋经济史、海洋社会史、海洋科技社会史、海洋历史地理等相关专门学科领域的成长，构筑海洋史、海疆史学术创新与学科发展的新增长点。

2021 年 11 月 6 日至 8 日，复旦大学文史研究院、广东省社会科学院海洋史研究中心、中国航海博物馆共同举办"海洋与物质文化交流：以东亚海域世界为中心"学术工作坊，该工作坊借助全球史视野，依靠海洋史与物质文化研究理论及方法，关注海洋上的图像、器物、书籍、船舶、宗教、技术等内容。

2021 年 12 月 10 日至 13 日，由广东历史学会、广东省社会科学院历史与孙中山研究所（海洋史研究中心）、国家社科基金中国历史研究院中国历史重大问题研究专项 2021 年度重大招标项目"明清至民国南海海疆经略与治理体系研究"课题组举办的"2021 海洋广东论坛暨 2021（第四届）海洋史研究青年学者论坛"在南澳县召开。与会学者围绕海疆治理与国家发展、海洋自然生态、科学技术、知识交流史以及其他海洋史相关议题进行了讨论。

结　语

2021 年的海洋史研究，既可以看到对过往研究的接续、对过往良好趋势的继承，也可以看到新的研究方向与研究成果不断出现，研究内容不断深入，海洋史学科蓬勃发展，充满生机。通过今年的研究成果可以看到，学界将去年建构"新海洋史"的思考一步步向前推进，海洋本位进一步明确，海域史、全球史、整体史的视野得到了更广泛的应用，人海关系、海陆互动之外不同海域间的互动也备受关注。我们可以期待，在未来，必定会有大量原创的、有专题性的成果涌现。而加强海洋史学规划，推进学科团队建设与学科整合，建构中国特色的海洋史学体系，正在学界同仁的努力下，稳步向前推进。

中国海洋文明研究发展情况分析：
以厦门大学海洋史研究为例

蔡婉霞*

摘　要:　中国是一个海陆一体、陆海统筹的国家，但中国海洋文明研究长期没有得到学界重视。为了突破西方中心论的桎梏及传统中国重陆轻海的主流历史叙事，20世纪80年代末，以中国海洋社会经济史作为突破口，厦门大学开始了在中国海洋文明研究领域的拓荒之路；进入21世纪，又率先倡设海洋史学科与海洋人文社会科学，引领中国海洋史学的发展。本文以厦门大学海洋史研究为例，分析其在中国海洋文明研究方面进行的理论建构与学术实践，具体展示为对中国海洋史的学科理论构建、学术研究成果与人才梯队建设等，是中国海洋史学科发展的典型。

关键词:　海洋文化　海洋史学科　中国海洋文明

　　中国是一个陆地国家，也是一个海洋国家，具有悠久的海洋文明历史。当前，中国海洋史学繁荣发展，厦门大学历史系是其中之东南

---

*　蔡婉霞，厦门大学历史系博士研究生。主要研究方向为海洋史、区域社会史、华侨华人史。

重镇，这与一代学人的努力密切相关。从 20 世纪 80 年代末开始，厦门大学历史系为中国海洋史研究及中国海洋人文社会科学学科的建设作出了奠基性与开创性的工作，这既是基于厦门大学历史系坚实深厚的中国社会经济史学术积累，同时也根植于独具区位优势的厦大学者与海洋社会的深刻联结、对中国学术前沿的敏锐追求之中。回顾厦门大学海洋史研究团队的理论方法和实践来路，对于在"海洋强国"的国家战略和"一带一路"背景下理解中国海洋文明历史、迎接全球海洋时代，具有学理价值和现实意义。

一　中国海洋史学科研究状况

全球化是现代文明的体现，是由西方兴起、联通海洋的"地理大发现"所开启的世界历史大变局所造就。几百年来，近现代资本主义世界的政治、经济和文明评价体系以西方为中心逐步建立，促成了农业世界向工业世界的转型，实现了经济全球化，为人类社会带来了巨大贡献；中国也正是在这全球的浪潮之中历经了百余年的现代化实践，方得以摆脱积贫积弱的困境。然而必须看到的是，西方现代文明的叙事同样隐含了许多陷阱，特别是伴随着大航海时代的序幕拉开，西方大国在全球范围内持续通过武力征服、殖民扩张将其发展模式进行普遍性的推广，其所标榜的海洋文明及其进步意涵因而逐渐成为西方文明的历史符号。20 世纪后，海洋文明进一步被西方发达国家意识形态化，宣称西方、现代、民主、开放是海洋文明的特质，从此将西方与进步画上等号，形成了霸权主义的话语体系。在相当长的时期内，包括中国自身也接受了中国只是农业文明国家的单一叙事，在中国的现代历史学科构建当中没有海洋文明的位置。这种移植自西方的理论话语深深影响着中国的思想界和学术界，束缚着中国走向海洋的战略选择。如何与此划分界限、回答西方中心论的"是"和

"非"这个历史之问，成了中国海洋史研究的历史逻辑、理论逻辑、实践逻辑的起点。

中国历史上很早就形成了以内陆为中心的大一统国家，历史书写长期以来一直在农业文明与游牧文明冲突与交融的二元结构下进行，主流语境中的海洋居于相当边缘的位置。这种历史书写习惯影响深远，即便在 20 世纪史学革命之后改变仍十分有限。新中国成立后，重点大学及研究机构开始了国际关系、华人华侨、世界历史等相关学科的建设，为涉海历史研究开辟了空间，比如由厦门大学等高等院校倡设的中外关系史、中国海外交通史、东南亚研究、南海研究学科成果累累，在中国的涉海研究方面均有很大贡献。但整体来说，由于中国的历史书写长期以来一直在农业文明与游牧文明冲突与交融的二元结构下进行，因此已有的涉海研究只是对经济史或中外关系史的"添加"和"补偿"，主要仍是以大陆为视角、以陆地为视角的定式研究，侧重民族国家在近代的兴起及其之间的互动，局限比较明显，要到 20 世纪 80 年代后，中国海洋史的研究才真正进入学界视野。

改革开放后，关于海洋文化的自觉在全社会兴起，但关于中国有没有海洋经济、海洋社会、海洋文化的讨论依然存在争议与阻力。当时的历史学界对海洋没有太大兴趣，在一定程度上影响了对中国海洋文明发展真实历史的探求，诚如厦门大学杨国桢先生所言："中国现代化这一传统与变革连续性的进程与现代社会意识的脱位，不能不令人感受到一场新的意识危机"[1]。部分学者开始有意识地关注中国海洋史研究，如台湾中研院从 1983 年开始推行"中国海洋发展史"研

---

[1] 杨国桢：《关于中国海洋社会经济史的思考》，《中国社会经济史研究》1996 年第 2 期。

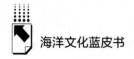
究计划，提醒学界关注中华民族自宋代以来的海洋发展历程①，但早期的研究成果仍多为原有涉海研究的延伸，也尚未具有理论构建的意识。

在中国海洋史学理论建设方面，厦门大学杨国桢先生有开创之功。20 世纪 80 年代末，杨国桢先生将研究视野从陆地转向海洋，呼吁学术界关注海洋问题研究；1996 年 5 月，《联合国海洋法公约》在中国生效，中国迈入现代海洋国家行列，杨国桢先生借此契机发表《中国需要自己的海洋社会经济史》和《关于中国海洋社会经济史的思考》，提出"中国需要自己的海洋社会经济史"②，并作出系统的学科规划与论述。他认为中国海洋社会经济史的学术任务是"站在中国社会经济史学的立场，运用'科际整合'方法，考察我国沿海区域、治海岛屿及相关的海洋区域、海外地区的特殊社会经济结构，阐述这一特殊社会经济结构的历史变迁过程和各种经济关系、社会组织的具体形态，揭示海洋社会区域经济运动的规律性"③。在具体工作的开展过程当中，他认为需要正确认识和处理五大关系：即中国社会经济与中国海洋社会经济的关系、中国海洋社会经济与沿海农业社会经济的关系、中国海洋经济与传统市场经济的关系、中国海洋社会经济与海外地区之间的关系，以及中国海洋社会经济与海洋政策的关系。在对中国海洋社会经济史研究进行初期规划时，他建议从 10 个方向深入挖掘历史进程中的海洋人文社会资源：海岸带开发史研究、岛屿带开发史研究、海洋国土开发史研究、海洋贸易史研究、海洋移民史研究、海洋政策演变史研究、海洋科技史研究、海洋社会组织变

---

① 李亦园：《序言》，《中国海洋发展史论文集（一）》，"中研院"中山人文社会科学研究所，1984。
② 杨国桢：《中国需要自己的海洋社会经济史》，《中国经济史研究》1996 年第 2 期。
③ 杨国桢：《关于中国海洋社会经济史的思考》，《中国社会经济史研究》1996 年第 2 期。

迁史研究、海洋社区发展史研究、海洋思想文化史研究。他运用整体与局部、总系统与子系统的类比来形容中国社会经济与中国海洋社会经济之间交融互动的关系："中国海洋社会经济是中国社会经济的一个基本成分，是农业社会经济'大传统'下的一个'小传统'（'次传统'）。由于这个'小传统'的存在，才为中国社会经济发展大趋势的根本转变，提供了驱动力，并不断加重自己的经济能量和社会能量，迈向现代化。"① 这一论述成为后来发展中国海洋史学乃至海洋人文社会科学的重要理念。

2001 年 5 月，联合国缔约国文件指出："21 世纪是海洋世纪"，海洋发展作为人类新时代发展的时代特征，成为具有普世性的重要问题。为了回应海洋世纪的提出，杨国桢先生提出"二十年磨一剑，形成具有独特风格、气派和特色的中国海洋史学"② 的目标。他重新梳理了海洋史学的问题意识和任务，指出海洋史学的问题意识是要在世界历史的框架与体系当中探寻海洋世界的地位，要重新发现海洋的人文历史资源，观察海洋自身的发展和演变，从而在海陆统筹的背景下给予海洋世界以准确的定位。海洋史学的目标则在于在学术理论和实践上重建海洋世界的小系统，从而充实中国的历史内涵、完善中国历史结构与谱系、推动史学研究创新，并为中国的现代海洋发展道路提供历史依据与理论支持③。这一系列关于建设中国海洋史的理论建设搭建了中国海洋史研究的基本框架，为新兴课题的成长保留了足够的学术空间。

理论建构是学科发展的基础，学术实践更是学科成长的关键。由于海洋意识的薄弱及研究基础的局限，20 世纪末的中国海洋史研究

① 杨国桢：《关于中国海洋社会经济史的思考》，《中国社会经济史研究》1996 年第 2 期。
② 杨国桢：《〈海洋中国与世界丛书〉总序》，江西高校出版社，2003。
③ 杨国桢：《海洋世纪与海洋史学》，《东南学术》2004 年增刊。

实践大体上仍乏人问津。针对这个问题，杨国桢先生依托厦门大学历史系既有的中国社会经济史学科的深厚积累，向中国海洋社会经济史研究方向进行丰富和深化，在当时海洋史研究意识普遍不足的情况下，这一做法可以减少阻力，也有利于早期的开拓工作。厦门大学历史系素以著名史学家傅衣凌先生所开创的中国社会经济史学派蜚声内外，旗下中国古代史、专门史（中国社会经济史）专业均为 1981 年新中国首批批准建设的博士点。作为国务院学位委员会 1986 年批准的第三批博士生导师，杨国桢先生从 1991 年开始指导博士研究生进行中国海洋社会经济史研究的学术实践，明清沿海荡地研究便是其中之一①。他把重大研究项目和博士研究生培养结合起来，将指导的中国海洋经济史首批博士论文列入"海洋与中国丛书"（8 本），后获批为"九五"规划国家重点图书，出版后荣获第 12 届中国图书奖。作为中国海洋文明研究初期的最突出成果，这套丛书的问世是中国海洋社会经济史学科渐见成型的体现，成为此后进一步推动中国海洋史学建设的基石。

二 中国海洋史学科研究成果

世纪之交的中国海洋史研究仍属于起步阶段，巩固和发展这一学科，既需要视野宏阔的理论创新，也需要脚踏实地的学术实践。厦门大学海洋史研究从理论建构、学术成果、学人梯队三个方面，为 21 世纪中国海洋史的学术实践提供了样板。

---

① 杨国桢：《明清沿海荡地开发研究》（序）（序成于 1994 年 12 月），载刘淼著《明清沿海荡地开发研究》，汕头大学出版社，1996。刘淼为杨国桢教授的 1991 级博士，该书为出版的第一本中国海洋社会经济史博士学位论文。

（一）对中国海洋史学理论建构的学术实践

海洋史学的发展需要开拓新的理论方法。作为中国海洋史学理论的先驱，杨国桢先生提出了一系列影响较大的观点。

首先，海洋史研究必须脱离长期既有的陆地史观范式。这其中包含两大本位。一是明确以海洋为本位。在考察具体的海洋区域历史并对其进行分析时，最重要的是要了解海洋活动的流动性与越境性，真正以海洋空间作为考察的地理基础，如对"厦门湾"的考察即跨越了传统的行政区域规划，对"南海""北部湾"等区域的研究也超越了民族国家的界限，这都说明不能仅仅依靠固有的陆地思维及其概念来定义"海内"与"海外"；同时，要全面考虑海陆空的整体因素，从而深入研究海洋演化的历史进程。二是在研究对象上要明确以海洋社会为本位。在整个海洋发展的历史当中，不同的海上人群与涉海群体通过各种海洋活动及生计模式完成了多种身份的塑造和转换，如明清之际东亚海域的海盗、海商、渔民、船员甚至陆地居民的身份界限均十分模糊，不同的生计模式彼此交叠，影响和塑造了不同类型的海洋社会及海洋文明模式。

其次，"科际整合"是海洋史研究的关键方法。杨国桢先生强调跳出旧的学术规范，运用多学科知识求同存异地对名词的概念内涵进行修正和调适，以"科际整合"的思路打破学科壁垒、实现多元综合，推动海洋人文社会科学的建设。此外，"有必要引进欧洲、美国、日本关于多元化海洋史的观念和研究模式，加以吸收消化，发展出合乎中国实际的理论和方法"[1]。

杨国桢先生进一步提出了以海洋为本位对中国乃至全球范围内的

---

① 杨国桢：《中国需要自己的海洋社会经济史》，《中国经济史研究》1996年第2期。

海洋文明史重新进行历史分期①。他首先将人类的海洋文明史分类为区域海洋时代、全球海洋时代、立体海洋时代三大阶段；其次关注中华海洋文明的演进历程，将其进一步划分为四个阶段：兴起、繁荣、顿挫和复兴，具体分期略列如表1。

表1 中国海洋文明分期情况

时代分期	历史断限	分期标志事件	中华海洋文明发展阶段	归属人类海洋文明发展阶段
东夷百越时代	迄今5000~8000年前到公元前111年	汉武帝平南越	兴起期	区域海洋时代
传统海洋时代	公元前111~1433年	汉武帝平南越、郑和下西洋结束	繁荣期	区域海洋时代
海国竞逐时代	1433~1949年	明廷罢下西洋、新中国成立	顿挫期	全球海洋时代
重返海洋时代	1949年起	新中国成立	复兴期	全球海洋时代,21世纪后逐步向立体海洋时代过渡

在表1当中，"东夷百越时代"尚属早期，"传统海洋时代"是中华传统海洋文明的上升阶段，创造了辉煌的海洋文明成就，二者均属于区域海洋时代；"海国竞逐时代"展现的是进入全球海洋时代后，中国从传统向现代转型过程中不断跌宕坎坷的阵痛；而"重返海洋时代"则以1949年新中国的成立拉开序幕："1949年新中国成立，是中国重返海洋的开端。以1979年改革开放为标志，前三十年是中华海洋文明复兴的初级阶段，海洋事业恢复生机，积蓄发展能量。后三十年为社会主义中国特色海洋文明的探索阶段，海洋实力迅速壮大，恢复海洋大国的地位。2012年以来，在习近平新时代中国

---

① 杨国桢:《中华海洋文明的时代划分》,载李庆新主编《海洋史研究》第5辑,社会科学文献出版社,2013,第3~13页。

特色社会主义思想指引下，踏上加快建设海洋强国的新征程。"① 这一系列海洋史学研究的理论提出与方法构建，为海洋史研究提供了新的范式。

（二）中国海洋史学研究的学术成果

作为中国海洋史研究的重镇，厦门大学历史系的中国海洋史学术实践具有独特风格，侧重于关注中国古代海洋社会经济史和海洋文明史。其中，杨国桢先生主编的一系列中国沿海地区的海洋专题史研究涉猎广博、影响广泛：2002~2006 年，"海洋中国与世界丛书"（12本）被列入"十五"国家重点图书出版规划并陆续出版；2016 年《中国海洋文明专题研究》（10 卷）由人民出版社出版，后荣获福建省第十二届社会科学优秀成果奖二等奖，其中第一卷杨国桢所著《海洋文明论与海洋中国》由韩国学者金昌庆、权京仙、郭铉淑译为韩文，于 2019 年 10 月由首尔昭明出版社出版，收录于"釜庆大学人文社会科学研究所海洋人文学翻译丛书"；2019 年 1 月，"海洋与中国研究丛书"（25 册）出版，其中 8 册列入"十三五"国家重点出版物出版规划项目，杨国桢先生所著的《瀛海方程——中国海洋发展理论和历史文化》入列 2021 年国家社科基金中华学术外译项目；同年 3 月，杨国桢等的"中国海洋空间丛书"（4 册）由海洋出版社出版，为维护中国海洋权益、拓展海洋空间、建设海洋强国提供了智力保障和理论支撑；等等。这一系列著作扩展了中国海洋文明的研究议题，开拓了海洋灾害史、海洋宗教文化史、航海技术史、海洋考古

---

① 杨国桢：《中国海洋文明专题研究（第一卷）》，人民出版社，2016，第 101~112 页；杨国桢：《中国海洋文明的特色和时代划分》，载陈辉宗主编《泉州与世界海洋文明》，海洋出版社，2022，第 1~18 页。

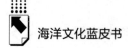

等新的研究领域，被学界誉为中国海洋文明研究的里程碑式著述①，标志着中国海洋文明史学术体系的探索有了突破性进展②。

随着中国海洋史学逐渐受到重视，近年来投入该领域的学人队伍逐渐壮大，相关研究成果如雨后春笋般涌现；厦门大学的海洋史研究团队与学术前沿紧密呼应，持续推出了多部独具特色的代表性研究成果。2018 年，王日根教授主编的"海上丝绸之路研究丛书"（全 12 册）由厦门大学出版社结集出版。该丛书汇集了海内外著名学者和学界新锐的海洋史前沿成果，内容包括海洋政策及知识生产、海洋港口贸易及航运、海洋社会人群流动、海洋社会组织形态，等等，其中王日根教授所著《耕海耘波：明清官民走向海洋历程》关注明清时期传统政府的海洋政策、海疆治理及以东南沿海地区为主的民间海洋发展，探索了官民互动的海洋社会秩序的形成。张侃教授与壬氏青李的《华文越风：17～19 世纪民间文献与会安华人社会》关于会安等海外华人社区与海洋文明外播之间的互动等，涉及了当前学界较少关注的研究方向，共同组成了丰富的中国海洋文明谱系。李智君教授的《风下之海：明清中国闽南海洋地理研究》一书运用历史地理学的立体分析方法和长时段考察，对明清时期闽南地区海岸带—海峡—岛屿—远洋的海洋地理剖面进行了海洋历史地理探索。作为海洋史研究新生代的领军人，陈博翼副教授通读中日荷西多种语言史料，关注作为海洋史的南中国海内外、印度洋及周边海域，强调"流动性"及海域世界的内部结构与外部联系，他的《限隔山海：16～17 世纪南海东北隅海陆秩序》等系列论著广泛兼及海洋人群的流动、跨越边界的社区、全球史中的海洋史实践等问题，呈现了历史学与社会学、区

① 范金民：《中国海洋文明研究的里程碑式著述——杨国桢主编的〈中国海洋文明研究专题〉评介》，《海洋史研究》第 10 辑，社会科学文献出版社，2017。

② 李国强：《中国海洋文明史学术研究的开拓与创新——评〈中国海洋文明史专题研究〉》，《中国边疆史地研究》2017 年 3 月。

域史与全球史的交错图景，引起了学界的广泛关注。青年学者伍伶飞对近代中国航标历史地理、东亚灯塔及航运体系的关注，为近代海洋、港口及海向腹地研究提供了以灯塔为核心的独特切入点，超越了以国别为单位的海洋史研究。由厦门大学海洋史研究团队贡献的一系列研究涵盖范围广博、视野宏阔、内容丰富，为深化中国海洋史研究做出了贡献。

（三）对中国海洋史学学人梯队的建设

进入 21 世纪，学界开始投入到中国海洋史研究的努力中，纷纷成立专门性的学术研究机构，厦门大学在其中发挥了典范作用：2004 年，厦门大学历史系率先垂范，在历史学一级学科内自主设置了海洋史学二级学科①，为全国首次；同年 11 月，杨国桢先生受教育部社会科学研究与思想政治工作司聘请，任专家组组长先后考察中国海洋大学海洋发展研究中心及辽宁师范大学海洋经济与可持续发展研究中心，主持评审通过并分别建议批准其为教育部、省级普通高等学校人文社会科学重点研究基地，此后受聘中国海洋大学海洋发展研究院学术委员会主任（2005～2008 年）兼基地首席专家（2006～2009 年）。2006 年，教育部和国家海洋局共建"中国海洋发展研究中心"作为海洋社会科学和自然科学交叉融合的国家级研究平台，杨国桢先生受聘为学术委员会委员。2009 年 7 月广东省社会科学院成立海洋史研究中心，2020 年 2 月"福建海洋可持续发展研究院"（即福建海洋智库）成立，杨国桢先生均受聘为顾问。2011 年 1 月，厦门大学成立海洋文明与战略发展研究中心，正是适应了这个发展方向。

厦门大学海洋史研究团队在杨国桢先生的带领下，涌现了一批学

---

① 杨国桢：《论海洋人文社会科学的兴起与学科建设》，《中国经济史研究》2007 年 9 月。

科带头人。同样具有深厚中国社会经济史研究基础的王日根教授是厦门大学海洋史研究的重要代表学者之一。20 世纪末前后，王日根教授开始持续关注中国传统政府的海疆政策及沿海港市经济，深入探讨中国沿海海洋社会形态与传统政府的海洋经略问题，此后承担包括国家重大在内的科研项目数十项，成果斐然。2006 年，王日根教授出版《明清海疆政策与中国社会发展》，全面关注明清时期沿海社会官民之间博弈、合作相辅相成的生态画卷，推进科学海疆政策的制定与海洋史学研究向纵深发展。曾玲教授长期深耕于华人华侨史及东南亚研究领域，先后出版相关学术论著及华人社会文献汇编多部，承担国家社科基金、教育部人文社科规划、国务院侨办等十余项科研课题与国际合作研究计划，著有《越洋再建家园：新加坡华人社会文化研究》《东南亚的"郑和记忆"与文化诠释》《新加坡华人宗乡文化研究》等。其结合田野考察及历史人类学方法开展的海外华人研究独具特色，突破了国内华人华侨研究固守于民族国家叙事的藩篱，代表作《越洋再建家园：新加坡华人社会文化研究》是运用中国社会经济史研究理路打破学科壁垒、实现"科际整合"的突出成果，展现了海洋移民在海外继承原乡传统、重建生活社区的历程。王荣国教授专于中国海洋文化及宗教研究，曾主持参与多个国家级科研项目，出版有《福建佛教史》《中国佛教史论》《海洋神灵——中国海神信仰与社会经济》等论著与多种文献集刊。他的《海洋神灵——中国海神信仰与社会经济》一书以渔民、商人、移民等海洋人群的信仰与仪式活动为核心，构筑了独特的中国海洋神灵谱系。黄顺力教授长期关注中国近代海洋人文思想，所著《海洋迷思——中国海洋观的传统与变迁》是其对中国前近代以来传统海洋观变迁的系统梳理。此外，参与"海洋与中国研究丛书"编撰的曾少聪、吴春明、蓝达居、李金明、连心豪、林德荣等学者均以此为重要契机拓宽了原有研究领域，陆续成为厦门大学中国海洋文明研究的重要力量，承担了包括国家社科基金重大项目在内的数十个科研课题，贡献了多领域的海洋史研究学术成果。近年来，以陈博翼副教授为代表的青年学者在海洋史研究方面佳作频出，受到学界广泛关注，体现了厦门大学海洋史学术梯队更趋成熟。

在厦门大学海洋史研究团队扎实稳健的学科建设努力下，中国海洋史学积累了丰硕的研究成果，逐渐从边缘走入主流，更与近年西方学术界盛行的全球史视野下的"新海洋史"不谋而合、相互呼应、殊途同归。

三　中国海洋史研究存在的问题及对策建议

今天的中国海洋史学研究已经进入学界主流视野，甚至有"21世纪的显学"之美称，这无疑是一整代学人共同努力的结果。但从目前的研究成果来看，中国海洋史研究中仍存在一些普遍的问题。

首先，从研究内容来看，中国的海洋史研究显示出了严重的区域不平衡。具体体现在以下两点。①"南重北轻"态势明显。无论是海洋经济、海洋社会、海洋军事、海洋环境史的考察，学界向来以对东南沿海地区、南中国海地区的考察居多。②海域考察集中在亚洲东部。在视野更广阔的全球史方面，目前中国海洋史学界多以中国周边的东亚海域、南中国海及东南亚海域为主，很少拓展到更广大的考察体系中。比如对明清时期瓷器通过海路外销、对大帆船时代贸易的全球性网络等问题，学界虽然有比较深刻的理解，但囿于资料与语言的问题，往往局限于亚洲海域的贸易网络当中，难以实现与世界全球史研究前沿之间的对接。

其次，从研究方法来看，中国海洋史学所倡导的跨学科研究方法仍有待提升。作为新兴学科，海洋史学向来倡导跨学科的研究方法，但在具体的学术实践当中仍存在一定差距。当代全球史学届的总体趋向是多种学派之间的互动与融合，学科之间的明确界限渐趋消失，中国海洋史研究从最早的海洋社会经济史出发，近年与考古学、环境史、军事史、动物史等领域的结合愈发紧密，都体现了这种强化跨学科研究方法的趋势。但是，跨学科研究是一个复杂而困难的过程，尤其海洋史的跨学科研究往往涉及大量自然科学领域的知识，对个人的知识背景要求很高，比如厦门大学李智君教授对闽南地区海岸带—海峡—岛屿—远洋的考察研究成果正是建立在其对历史地理相关知识背景的深刻把握之上。而海洋考古研究的推进则仰赖海洋科考设备的支持与科考团队的通力合作，这往往需要与自然科学学科的学者团队开展协作，很难通过个别学者独力完成。

最后，从研究水平来看，中国海洋史学研究仍有很大的拓展深化空间。具体体现在以下两处。①"海洋本位"意识的薄弱。尽管距离杨国桢先生对"海洋本位"理念的呼吁已有经年，但现有学术成果仍有相当局限。一方面，不少中国海洋史研究成果仍比较单一地以陆地行政区划来作为海洋史研究的考察范围，忽视以海洋空间作为考察的地理基础，忽视海洋社会、海上人群的流动性与越境性，因此很难呈现海洋社会、海洋人群历史活动多方面、多层次的互动和交流；另一方面，由于海洋军事史、海洋政治史领域很大程度上是以民族国家作为基本的考察范围，多以档案文献为研究基础，将民族国家的建构作为历史书写的主题，因此"海洋本位"思维难免比较薄弱，对于历史的呈现也就比较单一。必须要指出的是，尽管近年来具有全球视野的历史研究风靡全球，以民族国家为单位的历史研究似乎不再具有从前的魅力，但民族国家作为近现代历史的主要政治形式，在当代仍远未丧失其作用，甚至在新的历史时期展现出了更为强劲的生命力。海洋史研究当中的这两股力量具有巨大的张力，如何平衡全球史与国别史之间的天平是海洋史研究的新题之一，亟待学者进一步深入解答。②海洋史学研究的深化不足。中国海洋史研究发展至今已成体系，也开拓了众多研究领域，但深度研究仍显不足，学科成长仍有很大空间。诚如杨国桢先生所言："中国海洋史学还处在发展的初级阶段，中国海洋文明的多学科交叉和综合研究刚刚起步，基础研究和专题研究很不充分，没有很深的文化积累，许多重大历史问题没有定论，已有的中国海洋叙事显得力不从心，甚至矛盾、错乱。"① 当前的中国海洋史学研究仍属新兴阶段，由于历史资料存在的局限、民间文献与田野考察的缺失，很多课题难以深入；由于固有研究定式的影响，能与国际学界前沿展开对话的成果仍然有限；由于上述基础研究仍显薄弱，因此也不具备开展通史式研究的条件。

要弥补上述缺憾，中国海洋史研究仍有漫长的攻坚之路要走。未来的中国海洋史研究应注重以下几个方面。一是要加强与国际史学前沿的沟通与交流。海洋史研究关注海洋区域、海洋社会、海洋人群，研究对象的流动性决定了这个学科包容、开放、多样化的特性；与国际前沿学界可以交流、吸收彼此的特长与不足，了解海洋史研究的前沿动向，也有助于跨境的海洋史研究资料的收集与利用。二是要进一步深入中国海洋史专题研究。中国传统历史文本中由于陆地视角占据绝对主导，因此关于海洋人群、海洋活动的记录普遍零散化，散见于档案材料、地方志略中，并且缺乏对海洋活动的客观认识；在民间文献中关于海洋活动的记载则存在收集困难、不成系统等问题。总之，对这些资料的重新整理与解读至今仍有相当多工作需要完成。三是要加强跨学科的交流与整合，推动海洋人文社会科学的建设。中国海洋史研究的发展趋势是从分化走向整合、从单一学科走向多学科综合，这是学科发展的必然进路，也与 21 世纪学术发展的国际大趋势相吻合，因此，在具体的研究与实践过程中打破学科壁垒、实现多元综合

---

① 朱勤滨：《海洋史学与"一带一路"——访杨国桢先生》，《中国史研究动态》2017 年第 3 期。

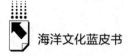

是中国海洋史研究极为重要的课题，近年来厦门大学海洋史团队与厦门大学海洋自然科学团队的合作、与地方政府及应用产业的交流正是响应这一趋势的有益尝试。

"展开海洋视野，敞舒海洋胸怀，挖掘海洋信息，探讨海洋成败，复忆海洋过去，关注海洋未来，重塑中国海洋文明，迎接全球海洋时代"，这是杨国桢先生有志于从事中国海洋文明研究后，于 20 世纪 90 年代出版的第一套多卷本海洋史研究丛书——"海洋与中国丛书"封底打出的口号，多年后重读依旧振聋发聩。今天谈及中国海洋史研究，"中国是一个海洋国家，又是一个陆地国家"之理念已经深入人心，中外学界对于西方中心论框架下的海洋文明等级论也早已弃之如敝屣。然而，中国海洋人文社会科学的建设是一项跨世纪、高难度的理论工程，需要几代学人的不懈努力。当前，在国家提出"一带一路"倡议、取用历史符号以助力新时期发展的时代背景之下，中国的海洋史研究已经进入主流史学研究之视野，集结了更多的学术力量，学人队伍不断壮大。正如厦门大学海洋史研究团队所致力奋斗的来路一样，年轻精英务必能在新的历史时期为中国海洋文明研究、为中华民族的伟大复兴事业做出更大贡献。

B.4

福建连江定海湾水下文化遗产发现40年

栗建安*

摘　要：　20世纪80年代初在福建省连江县定海湾打捞出水的水下
文物，作为水下文化遗产确立并加以保护。20世纪90年
代初，我国第一支水下考古队伍到定海湾进行水下考古专
业人员培训实习，并开始了定海湾的水下考古调查、发掘
工作。此后的十余年间，先后对"白礁一号沉船遗址"
"白礁二号沉船遗址"以及定海湾内的水下文物点开展多
次水下考古调查、发掘，并将水下考古调查、发掘资料加
以整理，编写出版水下考古报告、举办专题水下考古成果
展示；同时还设立了沉船遗址文物保护单位、划定水下文
化遗产保护区域，初步建立了定海湾水下文化遗产保护
体系。

关键词：　连江定海湾　水下文化遗产　"白礁一号沉船遗址"
水下文化遗产保护

前　言

20世纪80年代初，在福建省连江县筱埕乡定海村定海湾，渔民

---

* 栗建安，毕业于厦门大学，曾任福建博物院文物考古研究所所长、研究馆员，现
任中国古陶瓷学会常务理事、副会长。主要研究方向为陶瓷考古和水下考古。

们在使用改装过的船用抓斗，挖掘海底沉积贝壳的作业时，同时捞上来一些木质船体构件以及一批古代陶瓷器和少量金属器。这一情况引起福建省相关各级文物管理部门的强烈关注，省、市、县的文物考古人员随即赶赴现场展开调查，当地政府部门也十分重视，很快就对该海域的贝壳捞掘作业地点、范围加以限制，加强对当地水下文物的保护。① 由于较及时采取相应保护措施、开展水下文物保护工作，对定海湾水下文化遗存的人为破坏行为得到遏制，也为此后在定海湾开展水下考古以及水下文化遗产保护工作，奠定了坚实的物质基础。

一 定海湾的自然环境及考古发现

定海湾，行政隶属福建省连江县筱埕乡定海村，位于闽江口北岸的黄岐半岛西南，海湾平面略呈簸箕形，湾口朝南，便于屏蔽强劲的东北季风。定海湾内散布有 14 个大小岛屿和 22 个明暗礁，由于该海区潮差较大，有些岛礁在涨潮时淹入水中，退潮时才露出水面，因此当地又有称之为"三十六暗礁"。其中主要的岛礁有：目屿岛、四母屿、青屿、龙翁屿、尾仔屿、龟屿、可门屿、黄湾屿、白礁、苔屿、东鼓礁、东海岛等。

定海湾水域的水流主要是长江以南沿岸流组成部分的闽浙沿岸流，其来源于长江、钱塘江入海冲淡水与敖江、闽江入海流的汇合，一般在每年的春夏两季，在西南季风的强劲作用下，水流贴近海岸向

---

① 曾意丹：《定海海底奥秘——水下考古探索》《文物天地》1987 年第 4 期；陈恩：《马祖澳海底大量文物重见天日》《中国文物报》1988 年第 31 期；中国国家博物馆水下考古学研究中心、厦门大学海洋考古学研究中心、福建博物院文物考古研究所、福州市文物考古工作队、连江县博物馆编著《福建连江定海湾沉船考古》，科学出版社，2011。

东、东北方向北上流动，流幅宽、流速大；秋冬两季又随着东北季风的加强，沿岸南下到福建沿海，流幅窄、流速弱。因此也造成定海湾水流的复杂性。

定海湾北扼闽江出海口通往东北方向的乌潴水道、熨斗水道和敖江出海口，南与马祖列岛相峙，有"闽江北喉"之称，是自闽江口出海沿岸北上的必经之地。自古以来，就是东南沿海近岸交通航路上南来北往船舶避风（东北季风）、补给、休憩停泊的重要港口。

因此，众多的岛礁、变幻的水流给繁忙的海上交通，造成重大的航行安全隐患和危险，历史上频发的海难，也在定海湾及其周边海域的海底，遗留下不少的古代沉船，形成丰富的水下文化遗产。

长期以来，定海湾的水下文化遗产，并不为人所知。由于定海湾的海底地形以及潮流的往复作用，为其带来黏土沉积和大量的海洋软体生物遗壳。直至20世纪70年代末，渔民们发现了这些海洋软体生物遗壳，可用于烧制建筑、装修用的高档石灰，有较高的经济价值，因此便使用改装过的船用抓斗，挖掘海底沉积的贝壳，当地称为"扒蛎壳"。在将打捞上来的贝壳进行冲洗泥沙作业时，发现其中还有一些木质船体构件以及一批晚唐、五代、宋、元、明、清各个历史时期的陶瓷器（有青瓷、白瓷、青白瓷、酱黑釉器、青花瓷等），另有少量金属器如铜铳、铁炮、锡器等。1981年福州市文物工作者到定海湾调查时，发现这一情况，经过当地文化文物管理部门的报告，很快就引起福建省各级文物管理部门的强烈关注，省、市、县的文物考古人员先后赶赴现场，展开相关调查和文物征集工作。当地政府部门也十分重视，对该海域贝壳捞掘作业的地点、范围加以限制，加强对定海湾及其周边海域的水下文物的保护。[①]

---

① 曾意丹：《定海海底奥秘——水下考古探索》《文物天地》1987年第4期。

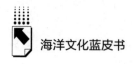

二 中国水下考古史回顾

1986 年，英国人米歇尔·哈彻（Michel Harcher）在南中国海打捞了一艘中国古代沉船"南京号"，出水大批清乾隆年间瓷器和其他文物，将其在荷兰的阿姆斯特丹进行拍卖①。国家文物局委派北京故宫博物院的陶瓷研究专家冯先铭、耿宝昌二人前往考察、了解情况。冯耿二位专家回国汇报考察情况时，提出要"重视水下考古工作"的建议，这引起党中央、国务院有关领导的重视。不久，国家科学技术委员会科技促进发展研究中心与文化部文物局联合组织召开有关部门、机构的专家、学者座谈会，研讨在中国开展水下考古的筹备工作，并联合提出"关于加强我国水下考古工作的报告"②；党中央、国务院有关领导对报告做了重要批示；我国的水下考古工作提上议事日程。③ 1987 年，我国成立了由国家文物局主持、国家各有关部门参加的"国家水下考古工作协调小组"，以指导、开展全国的水下考古工作。11 月，国家文物局委托当时的中国历史博物馆（现为中国国家博物馆，下文同），承担、组建了我国第一个从事水下考古工作和研究的机构——中国水下考古学研究室，标志着我国开始建立水下考古学科。水下考古学研究室在国家文物局的领导下，具体协调、组织实施全国的水下考古工作。④

---

① 陈恩：《马祖澳海底大量文物重见天日》，《中国文物报》1988 年第 31 期。
② 中国国家博物馆水下考古学研究中心、厦门大学海洋考古学研究中心、福建博物院文物考古研究所、福州市文物考古工作队、连江县博物馆编著《福建连江定海湾沉船考古》，科学出版社，2011。
③ 张威、李滨：《中国水下考古大事记》，《福建文博·中国水下考古十年专辑》1997 年第 2 期。
④ 俞伟超：《十年来中国水下考古学的主要成果》，《福建文博·中国水下考古十年专辑》1997 年第 2 期。

　　为了加快培养我国的水下考古专业人才，国家文物局批准，由中国历史博物馆与澳大利亚阿德莱德大学（Adelaide University）东南亚陶瓷研究中心合作，于1989年9～12月，在山东青岛举办"中澳合作首届全国水下考古专业人员培训班"，中国历史博物馆馆长俞伟超亲自担任培训班主任，澳大利亚阿德莱德大学东南亚陶瓷研究中心主任彼得·伯恩斯（Peter Burns）为副主任；学员11名，分别来自北京和主要沿海省份地区的文物考古机构和大学，有刘本安、李滨、田丰（中国历史博物馆），邱玉胜（青岛市文物局），栗建安（福建省博物馆，现为福建博物院，下同），林果（福州市文物考古工作队），吴春明（厦门大学人类学系考古专业），崔勇、刘大强（广东省文物考古研究所），彭全民（深圳博物馆），李珍（广西壮族自治区文物考古研究所）等；担任教员的是：西澳海洋博物馆潜水教练卡瑞恩·米勒（Karen Millar）、潜水医生戴维·米勒（David Millar）和水下考古学家保罗·克拉克（Paul Klark）；国家文物局文物处杨林、水下考古学研究室主任张威为辅导员，协助教学培训工作。在培训班师生们的辛勤努力与通力合作下，经过一系列的潜水、水下考古学理论、水下考古调查发掘方法和技术等的学习和训练，圆满完成培训班第一阶段的课程，全体学员均顺利通过了考核，获得本行业的国际认证的证书。

　　水下考古专业人员培训班第二阶段的学习，是要在沉船遗址进行水下考古调查、发掘的实际操作，以初步掌握水下考古的工作方法。为此，需要找到一个较为适合进行水下考古实习的水下地点。在知道福建连江定海发现有古代沉船遗物的信息后，1989年11月，培训班教员保罗·克拉克在张威等人的陪同下来到定海，福建省、福州市、连江县文物部门人员也前来协助。保罗在定海湾发现沉船遗物的海域进行了水下考古调查，采集到沉船遗物，发现、确认了沉船遗址的大致位置，最终选定了在白礁附近发现的南宋沉船遗址（后定名为

"白礁一号"沉船遗址），作为本届培训班学员的水下考古实习点。①

至此，在定海湾开展水下考古工作的时机、条件、人员都已齐备，即将揭开我国水下考古和水下文化遗产保护事业的帷幕。

三　定海湾水下考古工作概况

1990年2月底，"中澳合作首届水下考古专业人员培训班"的全体教员、学员即进驻定海村。在当地政府、文物部门的支持、协助下，结合培训班的水下考古实习，正式开始对"白礁一号"沉船遗址进行水下考古调查。此后的10年间，定海湾的水下考古工作持续进行，其间，主要有"白礁一号"沉船遗址的水下考古发掘（1995年）以及国家文物局第二期水下考古专业人员培训班的水下考古实习（1999~2000年）等。

1. "白礁一号"沉船遗址水下考古实习、调查

1990年2月至5月，水下考古专业人员培训班的水下考古实习在定海湾的"白礁一号"沉船遗址进行，为此成立了"中澳联合定海水下考古调查发掘队"，队长是俞伟超馆长，彼得·伯恩斯为副队长，澳方的指导老师和水下考古人员有西澳大利亚博物馆海洋考古部主任、著名海洋考古学家吉米·格林（Jeremy Green），保罗·克拉克、鲍勃·理查德（Bob Richard，海洋工程师）、罗伯特·比尔（Robert Bill，水下考古学家）等；中方有张威、杨林、徐海滨（中国历史博物馆摄影师），全体学员以及前来协助工作的连江县博物馆陈恩、骆明勇等。在经过了二个多月的水下考古调查实习，定海水下考古调查发掘队基本完成了对"白礁一号"沉船遗址的地理定位，

---

① 〔澳大利亚〕保罗·克拉克：《中国福建省定海地区沉船遗址的初步调查》，《福建文博》1990年1期。

在沉船遗址表面布设了 20 个 2 米×2 米的水下探方，对其中的 12 个探方进行了水下考古测绘、表面遗物采集，1 个探方做了水下考古发掘。此外，还在"白礁二号"沉船遗址以及四母屿、龙翁屿、尾仔屿、黄湾屿、大埕渣等地点，开展了水下考古调查。[①] 全体学员在此次水下考古实习中，顺利通过了各项考核，基本掌握了水下考古调查、发掘的基础方法和技能，为今后我国独立开展水下考古，奠定了坚实的组织基础。

此后，以第一期水下考古专业人员培训班学员为主体的我国水下考古专业队伍，在国家文物局领导下，陆续开展了对我国大陆沿海水下文化遗产的普查，完成了第二期、第三期的水下考古专业人员培训，以及"白礁一号"沉船、辽宁绥中三道岗、南海一号、华光礁一号等一系列沉船遗址的水下考古调查与发掘，有些学员至今仍活跃在水下考古工作第一线。

2. "白礁一号"沉船遗址水下考古发掘（1995年）

在 1990 年定海湾水下考古调查成果的基础上，为了进一步了解"白礁一号"沉船的遗存性质、文化内涵以及定海湾水下文物遗存的基本面貌，中澳双方拟定，继续在定海湾联合开展水下考古工作，并成立了"中澳合作定海水下考古发掘指导委员会"，俞伟超馆长任主任委员，吉米·格林任副主任委员，其他中方委员还有杨林（国家文物局文物二处副处长）、张威、吴玉贤（福建省文化厅文博处处长）、曾意丹（福州市文物局局长）等。经国家文物局批准，1995 年 5~6 月，对"白礁一号"沉船遗址进行正式水下考古发掘。由中国历史博物馆水下考古学研究室与西澳大利亚博物馆海洋考古部合作，组成"中澳联合定海水下考古队"，队长张威，水下考古现场领队栗

---

① 〔澳大利亚〕保罗·克拉克：《中国福建省定海地区沉船遗址的初步调查》，《福建文博》1990 年 1 期。

建安，队员有林果、吴春明、陈恩、骆明勇、楼建龙（福建省博物馆）、朱滨、赵荣娣（福州市文物考古工作队）等；澳方队员为吉米·格林、莎拉·肯德丹（Sarah Kenderdine）、约翰·卡奔特（Jon Carpenter）等。昔日的中外师生，如今成为合作伙伴；这也标志着我国水下考古学的初步确立，并将走向国际。

1995年度的"白礁一号"沉船遗址水下考古联合发掘，完成了"白礁一号"沉船遗址中心位置的勘测和表面采集，发掘了5个探方，对"白礁二号"沉船遗址保存状况进行复查。

3. 第二期水下考古专业人员培训班水下考古实习（1999年）

为使我国的水下考古学科和事业后继有人，必须定期培养和培训后备人才和队伍。因此，国家文物局委托中国历史博物馆，于1998年举办第二期全国水下考古专业人员培训班。中国历史博物馆孔祥星副馆长担任班主任，张威为副班主任，学员有赵嘉斌（中国历史博物馆）、李维宇（辽宁省文物考古研究所）、徐军（浙江省文物考古研究所）、傅亦民（宁波市考古研究所）、王玮（女，浙江省奉化市文物管理委员会）楼建龙、朱滨、张勇（福州市文物考古工作队）、傅恩凤（泉州海外交通史博物馆）、彭景元（厦门市博物馆）、张松（广东省文物考古研究所）、黄志强（广东新会市博物馆）、张万星（广东阳江市博物馆）、王亦平（海南省文物保护管理办公室）、黎吉龙（海南省三亚市文体局文物科）、韦革（广西壮族自治区文物工作队）等16人。学员们在宁波接受了潜水训练并通过了考核，于1999年5~6月来到定海湾，进行第二阶段水下考古实习。

第二期水下考古专业人员培训班的水下考古实习，由栗建安担任教学组组长，吴春明、林果、崔勇、邱玉胜、李滨、徐海滨、孙键（中国历史博物馆）、鄂杰（中国历史博物馆）等人为教学组成员，分别为学员们讲授了水下考古学的理论与技术课程，带领学员们进入

"白礁一号"沉船遗址，进行水下考古调查、发掘的实习。在此期间，还邀请到日本京都水中考古研究所所长田边昭三教授以及王冠倬研究员（中国历史博物馆）、王莉英研究员（北京故宫博物院）、古运泉副所长（广东省文物考古研究所）等一批国内专家学者，为学员们做了世界、日本的水下考古学动态以及中国古代的造船与航海、中国古代陶瓷器、广东省水下考古等专题讲座。全体学员经过辛勤的水下考古实习，均通过了培训班的考核，顺利结业。第二期水下考古专业人员培训班的成功举办，证实我国已能够自主培养合格的水下考古专业人员，从而为我国水下考古和水下文化遗产保护事业的可持续发展提供了坚实保障。

定海湾水下考古工作不仅取得了许多重要的水下考古发现及研究成果，从这里走出的两期水下考古专业人员培训班的学员们，后来大都成为我国水下考古事业的中坚和骨干，有的至今仍坚持在水下考古工作第一线，在我国水下考古学科的建立与水下文化遗产保护事业的开创、发展中发挥了极其重要的作用。因此，定海湾也是中国水下考古事业的"摇篮"。首届、二届水下考古专业人员培训班的学员们在定海湾这一中国水下考古事业的"摇篮"中，掌握了水下考古调查、发掘以及水下文物保护的基本方法和技能，学习了出水遗物分析、研究的方法和思路，同时锻炼了从事水下考古所需的体魄和意志。此后，他们走出了定海湾，走向中国大陆沿海（全国水下文物普查）①和西沙群岛（西沙水下考古）、走向平潭"碗礁一号"②、广东"南

---

① 国家文物局水下文化遗产保护中心、中国国家博物馆、福建博物院、福州市文物考古工作队：《福建沿海水下考古调查报告（1989—2010）》，文物出版社，2012。

② "碗礁一号"水下考古队：《东海平潭"碗礁一号"出水瓷器》，科学出版社，2006。

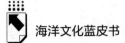

海一号"①和"南澳一号"②、西沙"华光礁一号"③等沉船遗址，还走到肯尼亚④，并将继续沿着海上丝绸之路，走向更加辽阔的海洋……

4. 2000年度定海湾水下考古调查与"白礁一号"沉船遗址发掘

在1999年度的第二期全国水下考古专业人员培训班结束之后，国家文物局批准了2000年度继续在定海湾开展水下考古调查与"白礁一号"沉船遗址发掘的项目。2000年6~8月，水下考古发掘队再次来到定海，参加人员有中国历史博物馆张威、赵嘉斌、孙键、李滨、徐海滨、鄂杰；福建省博物馆栗建安、楼建龙、王芳；福州市文物考古工作队林果、朱滨、张勇、高健斌；厦门大学吴春明；广东省文物考古研究所崔勇、张松；青岛市文物局邱玉胜以及连江县博物馆骆明勇等。2021年度的水下考古工作，完成了对"白礁一号"沉船遗址的三维测量和记录、所有布设探方的水下考古发掘。此外，继续调查"白礁二号"沉船遗址以及定海湾其他的出水文物地点。

5. "白礁一号""白礁二号"沉船遗址的遥感物探调查（2010年）

在以往定海湾水下考古调查、发掘中，都曾经做过不同程度、规模的遥感物探。由于水下探测技术、设备的发展提高，为了进一步了解定海湾水下文化遗存的埋藏环境、状况，2010年11月，中国国家博物馆水下考古学研究中心（原中国历史博物馆水下考古学研究室，

① 国家文物局水下文化遗产保护中心、广东省文物考古研究所、中国文化遗产研究院、广东省博物馆、广东海上丝绸之路博物馆编著《南海Ⅰ号沉船遗址1989—2004年水下考古调查》，文物出版社，2017。

② 广东省文物考古研究所、广东省博物馆、国家文物局水下文化遗产保护中心：《孤帆遗珍——南澳Ⅰ号出水精品文物图录》，文物出版社，2014。

③ 中国国家博物馆水下考古研究中心、海南省文物保护管理办公室编著《西沙水下考古1989—1990》，科学出版社，2006。

④ 李榕青：《再续千年缘——肯尼亚水下考古调查纪行》，台湾财团法人陈昌蔚文教基金会《陈昌蔚纪念论文集·陶瓷6》，2013。

下同）与厦门大学海洋考古学研究中心联合开展"白礁一号""白礁二号"沉船遗址的遥感物探调查，采用了浅地层剖面仪勘测、旁侧声呐扫测、多波束声呐拼图等，取得理想的效果。参加调查的人员有：赵嘉斌、吴春明、朱滨等。

6. 定海湾水下考古报告编写（2007~2011年）

2007年，中国国家博物馆水下考古学研究中心开始组织实施定海湾沉船考古资料的整理、考古报告的编写；水下考古学研究中心以及福州市文物考古工作队、连江县博物馆的业务人员和厦门大学历史系部分师生参加了具体整理、资料搜集、文稿编写等工作。经过多年努力，《福建连江定海湾沉船考古》于2011年5月由科学出版社出版。

四 定海湾沉船文物展及相关研究

定海湾水下考古调查的30年后，中共连江县委、连江县人民政府主办，福州市文物局、福州市地方志编纂委员会、福州日报社协办，福州晚报、连江县志办、连江县科技文体局、连江县筱埕镇人民政府承办，于2018年11月在连江县隆重召开了"海丝寻迹定海行——纪念定海湾古沉船考古发掘30周年"学术研讨会。出席此次会议的除了相关的中央、省、市的部门、机构和学者外，还特邀了当年参加定海湾水下考古的部分水下考古老队员们。连江县博物馆还为此次会议举办特展："顺风相送定海湾——沉船文物展"。

"顺风相送定海湾——沉船文物展"（以下简称"定海展"），一方面以文字、图片组合的版面，介绍定海湾的自然环境、历史沿革和社会文化风貌，回顾定海湾水下考古发现、调查、发掘工作的过程，其中不乏一些较为珍贵的老照片；另一方面陈列着自定海湾出水的宋、元、明、清各时代的历史文物，其中一部分是水下考古调查、发掘的出水器物，一部分则是文物工作者在定海征集的或当地群众捐献的水下打捞的文物。图、文与实物的相互配合、映衬，较为全面地展示了定海湾的水下考古发现和成果，阐述了其历史文化价值和在古代海上丝绸之路中的地位。

"定海展"最重要的陈列展品，自然是白礁一号沉船遗址水下考古发掘出水的文物，主要是陶瓷器，有黑釉盏和白瓷碗。

（1）黑釉盏

水下考古调查与发掘共计出水黑釉盏 2251 件（片）。根据比较、分析，这批黑釉盏的胎质、釉色、器形等方面的特征基本相同，尺寸大小相近，应该是同一时期、同一个窑口的产品，是仿宋代建窑兔毫盏的当时用于饮茶的黑釉器皿。将其与宋代福建地区烧制黑釉盏的窑址考古资料进行比对，目前认为与福清东张窑①考古调查所发现的黑釉盏最为相同或相似，因此，白礁一号沉船遗址出水的黑釉盏应来自东张窑。

（2）白瓷碗

数量较黑釉盏少，计出水了 415 件（片）。根据对其胎质、釉色、器形等方面特征的比较、分析，确认这批白瓷碗与福建闽清义窑的同类器物相同或相似，应为闽清窑的产品。这批白瓷碗由于和黑釉盏为同一批船货，因此二者的沉没时间相同。而以东张窑黑釉盏、义窑白瓷碗所属两处窑址的年代为依据，推断白礁一号沉船遗址的年代应为南宋时期（1127~1279 年）；根据出水的白瓷碗在义窑各时代产品中的排序②，可进一步将白礁一号沉船遗址的年代定为南宋晚期（即 13 世纪早、中期）。

---

① 福州市博物馆、福州市文物考古工作队：《福清东张两处窑址调查》，《福建文博》1998 年第 2 期；曾凡：《福建陶瓷考古概论》，福建地图出版社，2001。

② 闽清县文化局、厦门大学人类学系考古专业：《闽清县义窑和青窑调查报告》，《福建文博》1993 年第 1、2 期合刊。

　　白礁一号沉船沉没于闽江口以北的海路上，因此这是一艘北上的满载黑釉盏、白瓷碗的货船。那么船上那些船货当年究竟是运往哪里？首先来看看闽江口以北的沿海港口、沉船的考古发现（已发表的考古资料）。

　　港口城市遗址有浙江宁波城市遗址（如元代永丰库仓储遗址）①、杭州南宋临安城遗址②、上海松江青龙镇遗址③、江苏张家港黄泗浦遗址以及台湾台北大坌坑遗址④等，都出土了东张窑黑釉盏和义窑白瓷器。

　　沉船遗址有韩国泰安马岛沉船⑤、日本仓木崎沉船⑥和小值贺岛前方湾沉船遗址⑦等，水下考古调查都发现、打捞出水了东张窑黑釉盏和义窑白瓷器。

　　虽然白礁一号沉船遗址的东张窑黑釉盏、义窑白瓷碗不是全部都与上述港口城市遗址、沉船遗址发现的两窑器物完全相同，但足以指明宋元时期的东张窑、义窑陶瓷产品，其批量输出的目的地和航线

---

① 宁波市文物考古研究所编著《永丰库——元代仓储遗址发掘报告》，科学出版社，2013。

② 杭州市文物考古所编著《南宋恭圣仁烈皇后宅遗址》，2007；《南宋太庙遗址》，2008；《南宋御街遗址》，2013，等等，文物出版社。

③ 上海博物馆编《千年古港——上海青龙镇遗址考古精粹》，上海书画出版社，2017。

④ 王淑津、刘益昌：《大坌坑遗址出土的十二至十四世纪中国陶瓷》，《福建文博》2010年第1期。

⑤ 〔韩〕韩国国立海洋文化财研究所：《泰安马岛出水的中国陶瓷器》，韩国国立海洋文化财研究所，2013。

⑥ 〔日〕宇检村教育委员会：《仓木崎海底遗迹调查报告书》，《宇检村文化财调查报告书》第2集，1999。

⑦ 〔日〕田中克子：《日本博多（Hakata）遗址群出土的贸易陶瓷器与其历史背景》；栗建安：《考古学视野中的闽商》，《闽商文化研究文库·学者文丛》，中华书局，2010；〔日〕田中克子：《博多遗址群出土陶磁に见る福建古陶磁》，博多研究会《博多研究会志》第9~11号，2001~2003。

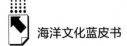

（在闽江口以南的港口城市遗址、沉船遗址也有东张窑、义窑陶瓷产品的考古发现）①。

"定海展"还陈列着几件定海湾打捞的不同器形的深腹白瓷碗，碗内刻划纹饰或压印文字、图案等；多年前在与定海湾距离不远的黄岐镇东洛岛海域，渔民也曾发现、打捞了一批同样的白瓷碗。这批白瓷碗与闽清义窑考古调查发现的同型碗相同②，因此可以确认是义窑产品。2006～2008 年，福建博物院文物考古研究所与日本熊本大学文学院考古研究室合作，对日本冲绳出土 13～14 世纪的中国外销瓷进行调查、研究，证实其中一部分长期以来一直被称为"美良底类型"（ビロスクタィプウ）的白瓷碗，与在定海湾、东洛岛出水的义窑白瓷碗是相同的。这类"美良底类型"白瓷碗，在日本博多地区的城市遗址考古中也有发现。③ 展柜中摆放的两件宋代酱釉小罐和水注，看似普通的薄胎酱釉器，就是在日本茶道中用于点茶时盛放茶粉末的重要"茶道具"，被称为"唐物茶入"的小罐。④ "唐物茶入"在日本茶道中有着至高重要的地位，⑤ 但是，长期以来中、日两国的陶瓷界、茶道，并不清楚其产地和窑口是在何处，中国学者也不是很了解这类器物向日本输出的状况。现在，经福建考古人员的考古调查发

① 闽江口以南的港口城市遗址如泉州清净寺遗址、漳州银都大厦工地、澎湖列岛以及菲律宾、印度尼西亚等，沉船遗址如福建龙海半洋礁一号、广东南海一号、西沙华光礁一号、印度尼西亚爪哇号、菲律宾布雷克浅滩沉船等。
② 〔韩〕韩国国立海洋文化财研究所：《泰安马岛出水的中国陶瓷器》，韩国国立海洋文化财研究所，2013。
③ 日本熊本大学文学部考古研究室、福建博物院文物考古研究所、福建师范大学中琉关系史研究所：《13～14 世纪的琉球与福建》，熊本大学文学部木下研究室，2009。
④ 栗建安、张勇：《福州地区发现的薄胎酱褐釉器》，中国古陶瓷研究会编《中国古陶瓷研究》第五辑，紫禁城出版社，1999；栗建安《福州湖东路出土的薄胎酱釉器及相关问题》，《福建文博》2009 年第 1 期。
⑤ 滕军：《日本茶道文化概论》，东方出版社，1992。

现，目前可以确认这些薄胎酱釉器的产地是福州西郊的洪塘窑，并在福州城市遗址以及周边地区其他遗址的宋元时期地层中有普遍发现和出土，同时期的墓葬中也有发现。① 在定海湾海底以及在著名的元代新安沉船中打捞出水的文物②，证实了宋元时期"唐物茶入"与同是茶具的东张窑黑釉盏的外销方向及航路，以及中国古代茶具和饮茶文化对东亚地区传播和影响的事实。③ 展品中还有两件酱釉梅瓶，观其形制应属福建晋江磁灶窑南宋时期的产品。④

展柜中还有一件绿釉五兽形足香炉，也是磁灶窑的产品。磁灶窑是福建南部古代最重要的外销瓷产地之一，宋元时期的磁灶窑产品不仅大量销往东南亚地区，同时也成批输入日本、韩国。⑤ 定海湾海底发现的磁灶窑器物，也正是其对东亚地区贸易及外销路线的实证。

一件青灰釉外刻宽莲瓣纹的敞口碗，扣在"定海展"展柜的台面，它应该是连江本地元代浦口窑的产品⑥，也是在定海湾被打捞出水的。此类碗与前文所述的定海湾打捞的义窑深腹白瓷碗，曾一起出土于日本冲绳和博多地区的考古遗址中，浦口窑的产品被称为"今归仁类型"（ナキジヴ タィプウ)⑦，闽清义窑的称为"美良底类

---

① 栗建安：《福州地区薄胎酱釉器初步研究》，台湾财团法人陈昌蔚文教基金会《陈昌蔚先生纪念论文集·陶瓷 2》，2003；福建博物院、日本爱知县陶磁资料馆：《海上丝绸之路的起点——福建》，2007。

② 韩国国立中央博物馆：《新安海底文化财调查报告丛书 3 黑釉磁》，2017。

③ 〔日〕田中克子：《博多遗址群出土陶瓷所见的福建古陶瓷》，日本《博多研究会志》第 9 号，2001 年 9 月；野村美术馆：《茶入特辑》，《研究纪要》第 13 号，2004 年；〔日〕谷晃：《日本对中国制茶罐的分类与受容》，《福建文博》2001 年第 2 期。

④ 福建博物院、晋江市博物馆：《磁灶窑址》，科学出版社，2011。

⑤ 福建博物院、晋江市博物馆：《磁灶窑址》，科学出版社，2011。

⑥ 栗建安、陈恩、明勇：《连江县的几处古瓷窑址》，《福建文博》1994 年第 2 期。

⑦ 今归仁即今归仁城址，日本冲绳地区 14 世纪琉球三山时代北山王的王城，2000 年今归仁城址与首里城一起被列入世界文化遗产名录。

型"，它们都曾在日本冲绳、博多地区的考古遗址中成批发现，说明当时福建陶瓷曾经批量输入该地区，对当地社会的物质、文化生活，进而对其社会历史发展进程应都产生过重要影响。

"定海展"展柜中还陈列着几件白瓷小罐，器形看似朴实无华，却也名闻东亚，因其最早发现于台湾 17 世纪荷兰人占据的台南市安平古堡，因此又称其为"安平壶"①。目前发现的安平壶流布范围，主要是闽台地区，在江西、江苏也有零星出现②。福建、台湾的明清时期遗址出土以及传世安平壶的数量很多，说明是台湾海峡两岸民众当时的日常生活中普遍使用的器皿。在海外，安平壶还发现于日本博多地区的考古遗址③。此外，在著名的菲律宾海域"圣迭戈"沉船（1600 年）、越南海域"头顿"沉船（1690 年前后）以及大西洋"白狮号"沉船（1613 年）等，都有出水同类的白瓷小罐。根据这些沉船年代的初步推断，这些安平壶的年代应为 17 世纪（明末清初）。目前关于安平壶的产地和窑址，已知见于发表的相关资料，有福建邵武四都窑④和顺昌高付头窑⑤，考古调查发现的同类器物标本与上述沉船出水的白瓷小罐大致相同。定海湾打捞的白瓷小罐看上去似有若干不同的形制，它们之间可能还有窑口和时代的差别，对其进一步的研究，还有待考古调查的新发现和相关考古新资料的发表。

---

① 谢明良：《安平壶刍议》，台湾大学《美术史研究集刊》，1995；陈信雄：《安平壶——汉族开台起始的标志》，《历史》2003 年 3 月刊。
② 江西省文物考古研究所、江西抚州市文物博物管理所、江西南城县博物馆：《江西南城县黎家山古墓群和金斗窠古村落遗址发掘简报》，《南方文物》2010年第 2 期。
③ 〔日〕田中克子：《日本博多（Hakata）遗址群出土的贸易陶瓷器与其历史背景》，栗建安：《考古学视野中的闽商》，《闽商文化研究文库·学者文丛》，中华书局，2010。
④ 傅宋良、王上：《邵武四都青云窑调查报告》，《福建文博》1988 年第 1 期。
⑤ 福建省考古研究院、南平市博物馆：《福建顺昌高付头窑址考古调查简报》，《南方文物》2022 年第 3 期。

"定海展"的陶瓷展品数量并不多，也不是古代"官窑""名窑"或者高档之器，而是以福建闽江下游流域的窑口为主，都是一般的日常生活用品。这些陶瓷器的时代包括了宋元明清，在通过海路前往国内市场和海外消费地，途经定海湾时沉于海底；当年它们的同类仍继续前行，到达预定的海内外目的地。因此，定海湾出水的陶瓷器，同样参与书写了海上丝绸之路的灿烂历史，局部再现了早期贸易全球化的壮丽画卷。

五　定海湾水下文化遗产保护的现状与工作展望

自定海湾发现水下文物伊始，定海湾水下文化遗产的保护，就成为当地文物行政管理部门和机构的重要工作。在定海湾水下考古调查和"白礁一号"沉船遗址水下考古发掘基本结束后，定海湾水下文化遗产保护、管理仍是文物部门日常工作的重点，并长期、持续进行。根据《中华人民共和国文物保护法》（以下简称《文物法》）、《中华人民共和国水下文物保护管理条例》（以下简称《水下文物条例》）以及福建地方的文物保护法规，福建省人民政府于 2001 年将"白礁一号"沉船遗址公布为第五批省级文物保护单位[①]（当时是全国第一例）。现已将"白礁一号"沉船遗址与其周边的其他水下历史遗存划定为连江定海湾水下文化遗产保护区。近年来，国家、省级的水下考古研究、保护机构及各级文物部门，一方面加强对《文物法》《水下文物条例》等法律、法规的宣传、教育，另一方面正积极建设水下文物保护设施，逐步采用高科技设备及技术手段，以加强对水下文化遗产的监控，达到真正有效保护的目的。

[①] 《福建省人民政府关于公布第五批省级文物保护单位及其保护范围的通知》，《福建政报》2001 年第 5 期，第 38~46 页。

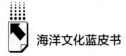

自 1989 年开始对连江定海湾"白礁一号"沉船遗址进行水下考古调查、发掘以及定海湾一系列的水下考古调查和水下文化遗产保护，取得了许多重要的水下考古发现及学术研究成果，为探索海上丝绸之路，研究海外交通史、贸易史、贸易陶瓷史、造船史等，提供了大量重要的科学依据和实物资料，对福建省水下文化遗产保护事业的发展起了重要的推进作用；对今后进一步做好沿海各地的水下文化遗产保护工作与保护规划，努力开创我省水下考古及水下文化遗产保护事业的新局面，也有着十分重要的意义。

B.5
闽台闽南方言民间歌谣的流变与融合

施沛琳*

摘　要： 具有丰富生动语言、鲜明突出艺术特点的民间歌谣，以其五彩缤纷的艺术风格，广泛而深刻地反映了社会生活。中国台湾地区所传唱的闽南方言民间歌谣，源自祖国大陆闽南地区，不仅陪伴着人们度过不同阶段的沧桑岁月，也见证了台湾地区的开发与历史发展。这些具有中华传统文化特色的民间歌谣，在台湾岛内生根开花、繁衍传承，发展成具有特色的民间艺术，其与大陆原乡闽南民间歌谣共同形成了中华民族音乐宝库中"犹为琴瑟、隔岸和鸣"的姐妹花。本报告以福建与台湾之间形成的闽台文化圈，以及两地共同拥有的闽南文化为基础，探索闽南方言歌谣从闽南原乡随着先民入岛开垦传唱，在不同社会发展演化，有的歌词的文本或唱法产生些许改变的历史过程。

关键词： 闽台文化　闽南方言　民间歌谣

2021年2月，由台盟中央主办的"欢欢喜喜斗阵来围炉"，在祖国大陆过年台胞线上联谊活动，通过视频连线方式于两地同时举行，

* 施沛琳，厦门大学历史学博士，闽南师范大学闽南文化研究院教授，入选"福建省首批引进台湾高层次人才百人计划"与被授予"第六届福建省杰出人民教师"称号。研究方向是闽台文化交流史与文化传播。

其中一项节目是合唱民谣。2021 年 12 月，来自台湾的小朋友在台上唱起的"天黑黑要落雨……"这段《天黑黑》的闽南语童谣时，台下的观众也开始小声哼唱起来；场面感人温馨。这首闽南语童谣也勾起了两岸民众的共同回忆。其实不仅这首《天黑黑》，举凡有两岸同胞欢唱的场合，闽南方言民间歌谣都是首选。①

一 闽南文化与闽台文化圈

在探讨"闽南方言民间歌谣的流变与融合"议题前，先定义"闽南文化"与"闽台文化圈"。

根据历史记载，中原人民大规模迁徙至福建的历程主要有四次②：其一，西晋末年八姓入闽避永嘉之乱；其二，唐代总章年间陈元光父子开发漳州；其三，唐末五代王审知治闽；其四，北宋南迁。由于大量中原移民入闽，有不少名士南下，或闽人北游，也使得裹挟着经济、政治与军事的强势中原汉文化，在闽南扎下根基，闽文化正是在由晋至五代播传入闽的中原文化的基础上产生的。③

除四次大规模迁徙外，闽文化的形成还有两项重要的面相。④ 其一项是海外文化的冲击；具有全中国五分之一海岸线的福建，大约自南朝时期开始就有着海上贸易、外国人入闽与出外打拼闽人返乡等方式，展开闽地以海洋文化与世界接轨，更因此汇融了形态各异的海外文化。而另一项是与台湾区域文化的交融；闽台一水相连，地缘相近，血缘相亲，习俗相同，语言相通，闽台文化同属一个文化区域，

---

① 《第十三届海峡论坛：共促交流合作 共谋融合发展》，《人民日报》2021 年 12 月 12 日。

② 何绵山：《闽文化概论》，北京大学出版社，1996，第 2~3 页。

③ 陈耕：《闽南民系与文化》，鹭江出版社，2009，第 10 页。

④ 何绵山：《闽文化概论》，北京大学出版社，1996，第 7~9 页。

从而形成了一个以闽南文化为主轴的闽台文化圈。

狭义地说，闽南文化原指生活在福建泉州、漳州、厦门地区的闽南人创造出来的文化。明朝中叶以来，大批闽南人下南洋、过台湾，闽南文化随之播迁，并吸收与融合当地文化，而有了新的发展，也使闽南文化区域扩展为闽南、台湾地区和东南亚闽南华侨华裔聚居地这一更广阔的区域，闽南文化是全球所有闽南人共同拥有的文化，也就是"闽南民系文化"。

因此，与海洋相关之移民是闽南文化的主体，长期的大规模移民运动正是闽南文化赖以生成的历史契机和基本途径。从文化传播角度而言，移民为文化传播的途径之一，此亦为文化变异与创新的重要途径。从闽台关系之历史回顾，不论闽南还是台湾地区，由于民风豪爽，并具有拼搏冒险、开拓进取的精神，正如流行于两岸并传唱不辍的闽南语歌曲《爱拼才会赢》歌词一样："三分天注定，七分靠打拼"；或许可以这么说，这首曲子所阐释的意涵，正符合了闽南该区域移民文化性格特征而受到欢迎。由闽南方言、方言艺术、口传文学、民俗、民间信仰、民间技艺等物质与非物质的生活文化等构成的闽南文化总体格局至宋代基本定型，并得到充分发展。

福建地区和台湾地区的文化均源自中华传统文化；[①] 不可讳言，闽台之间的"五缘"关系形成了闽台"共同文化区"。自历史上看，大量中原汉族人口为避乱向南迁徙，通过福建沿海向台湾地区移民，从而形成台湾岛内社会人口的主体部分。据有史料记载以来，史上共发生过五次大规模迁徙活动；在福建移民进入宝岛的过程中，如影随形的是福建文化的延伸。闽台关系正是在移民的历史过程中逐

---

① 刘登翰：《中华文化与闽台社会：闽台文化关系论纲》，福建人民出版社，2002，第 111~117 页；杨华基：《闽台文化与中国现代化》，厦门市闽南文化学术研究会编《闽南文化论坛论文集》，中国文史出版社，2008，第 3~8 页。

渐形成的，是闽台文化关系形成的最重要因素。而其中包括的地缘近、血缘亲、文缘深、商缘广、法缘久的五缘关系是客观存在的。在漫长的交会融合过程中，闽台文化逐步形成诸多共同却又有着差异文化特征的地域性文化。① 其特征之一，是以福建文化向台湾地区延伸为主流；也就是说，台湾地区之文化根源于福建亦是不可否认之事实。

由于闽台交融的关系紧密，近年来海峡两岸学界亦有关于共同文化圈或文化区域的探讨。此类文化区块的形成是文化传播的结果，福建文化承续了向南传播的中华文化，再通过海洋之路输入了台湾地区，即依靠迁移扩散的传播方式。② 就文化传播角度而言，移民社会的形成就是在"进入"与"再生"的传播路径上展开的；伴随着移民的迁徙而带来文化在空间上的迁移扩散，这就是"进入"。

然而，某种文化由一个地区扩散到另一个地区，便同时会遇到新地区不同的自然环境和人文环境的影响，而可能发生新的互相适应、利用和改造的过程，因而产生流变的可能。

二 闽南方言民间歌谣

台湾地区超过八成以上居民的祖先，于明末清初至民国时期从福建和广东移入，在福建厦漳泉原乡一带所使用的闽南方言，成为台湾人民常用之方言；1949 年后，历经了七十多年的族群融合，闽南方言仍然是台湾地区最主要的地方方言。本报告所涉之闽南方言民间歌谣，即以闽台间移垦岛内居民所传唱原乡之民间歌谣（简称

---

① 林仁川、黄俊凌：《闽台文化交融的历史过程与特征》，厦门市闽南文化学术研究会编《闽南文化论坛论文集》，中国文史出版社，2008，第 11~18 页。

② 刘登翰：《中华文化与闽台社会：闽台文化关系论纲》，福建人民出版社，2002，第 118~119 页。

"民歌")为主。

综观相关研究,从民族音乐学的定义:流传于人民群众、各民族因应生活所需,比如在劳动时或抒发情感的状况下而信口唱出,同时以口头方式,群体世代传唱的歌谣,就是民歌。这中间,也经由传唱的人们不断地改编,进而不断创造出更具有自己民族特色、地区风貌与特点的音乐作品,是跟专业创作全然不同的形式。民歌的特点是具有生动丰富的语言,艺术特质与风格鲜明突出且五彩缤纷,能将社会生活广泛而深刻地反映出来。台湾地区的闽南方言民歌,即岛内人民所称之自然民谣,一般指的是在人民之间传唱百年以上自然而生歌谣,作者是谁往往不得而知。

闽南地区所属之福建省的民歌中有一种体裁形式为"小调",又称为"里巷之曲",一般指各种日常生活中所唱的小曲,多流行在人口密集之市集与乡镇,传唱比较广泛,往往经过职业艺人加工,使之更加艺术化,且多由艺人口头传授,并有相互传抄的册本与唱片。其中,闽台戏曲音乐中另有一种"锦歌"或"歌仔"的曲种,在两岸研究歌谣与戏曲音乐专家的认定,亦为与民歌有关之唱曲,在本报告讨论到闽南地区的歌谣时亦包括了"锦歌"与"歌仔"。

陈耕先生将第一代与第二代的台湾闽南方言歌曲分别做如下定义。[①] 第一代"俺公的歌",是大陆闽南地区最原始的原乡歌仔,反映原乡的生活;在明末清初时大量传唱到台湾地区,而成了岛内人民所称之"台湾民谣"。第二代为"本地歌仔",即歌谣的音乐内容传到了台湾地区,有新的呈现;闽南的原乡歌仔加入了平埔族或客家音乐元素,成为第二代"本地歌仔",包括歌仔戏的【七字调】亦自此演化。"本地歌仔"的代表《思想起》,在闽南原乡虽然未传唱,却

---

① 本研究者于 2010 年 8 月 31 日与陈耕访谈内容。

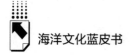

呈现闽南移民入岛后"思想原乡"之意涵。

王鼎南先生认为，闽南方言歌曲原出身于百姓之家，出身于民歌俚谣，平民化与通俗化是其固有艺术特征，亦是其赖以生存和发展起来的本钱和优势。就像南音一样，闽南方言歌谣的传唱也是运用人民所熟悉的语言和熟悉的表达形式，表达所要表达的内容；它们的歌种与生俱来就不是"曲高和寡"的那种"雅"乐，而是"歌俗和众"村歌俚谣的平民化与通俗化歌谣。王鼎南先生所指之歌谣如《灯红歌》《长工歌》以及套用《苏武牧羊》曲调的《父母主意嫁番客》，或台湾地区恒春民谣的《思想枝》、宜兰调的《丢丢铜仔》等，这些民歌民谣是土生土长里巷村野顺口而歌的民歌俚谣。①

用闽南方言传唱的当地民谣小调与山歌，陈彬先生提出其中包括褒歌、山歌、小调民谣及锦歌。锦歌属民间歌谣，部分山歌则涵盖了用闽南方言唱出的民谣小调，如散曲、《长工歌》、《雪梅思君》，以及用【杂念调】与【七字仔】去演绎历史故事的《山伯英台》与《陈三五娘》。更进一步讲，陈志亮先生认定"锦歌"② 发源自漳州地区九龙江下游一段称"锦江"之芗城一带，是一种包含了民歌与说唱音乐、可独立演唱的区域形式歌曲。以前人叫"歌仔"的其实就是什锦歌，后来演变为"锦歌"。彭一万先生认为，③ 明末清初厦门流行的"歌仔册"里记载的"歌仔"是用闽南语演唱的传统歌谣和创作歌曲亦属闽南语歌曲范畴。

台湾地区最早探讨民谣或民歌定义的是已故民族音乐学者许常惠先生，他曾经从广义定义，主张古老、传统、自然形成的民俗音乐，包括了民歌、说唱、戏剧，以及歌舞与儿歌，这些都是民间音乐组成

---

① 本研究者于 2010 年 3 月 1 日与王鼎南访谈内容。

② 本研究者于 2010 年 8 月 26 日与陈彬、陈志亮访谈内容。

③ 彭一万：《厦台闽南语歌曲缘分深》，方有义、彭一万主编《闽南文化研究论丛（下）》，文化艺术出版社，2006，第 867 页。

的基础与元素。早期民谣由个人在小区域的范围例如乡村等地传唱，后来成为全岛性的民谣。这期间，有的曲调可能被民间艺人唱成说唱内容，也有的就变成了戏曲如歌仔戏、牛犁阵与车鼓阵等阵头小戏的曲牌。最典型的有恒春地区传唱的《思想起》，光是唱法就有好几种，有民歌形式，有说唱形式或歌仔戏唱法等。据此，不论是传自闽南原乡还是入岛形成传唱，我们可以这么说，台湾地区的闽南方言民间歌谣是在岛内流传甚为久远，是台湾人民集体传唱出来的。作者是谁并不知道。歌谣内容体现了台湾地区承袭中华文化的传统精神，也是一种自然生成的民歌。

三　闽南方言民间歌谣入岛流传

（一）明清时期歌仔

台湾地区最早何时有以闽南方言唱出之"歌"？在一些记载台湾地区历史发展的文献包括《台湾府志》《台风杂记》等里面，都未见有郑成功时代有歌、民谣或民歌之记述。唯在《台湾外记》，作者江日昇述及，郑氏时代有一首"文正公兮文正女歌"。这首名为"歌"者其实没有谈到歌谣内容，依后人判断是在讲郑克臧夫人陈氏殉节的故事。不过，以"歌"为名的情况，也让人推断，大概在郑成功时代就可能出现了用闽南方言传唱的歌谣。此外，从郑成功时代起，宝岛台湾曾流行的歌仔，早期称作念歌仔，也是一种说唱叙述歌谣；是传统社会中台湾人民重要的消遣娱乐，通过歌谣内容，可以得知当时的社会景象和庶民生活。这种说、念、唱歌谣表演形式为，演唱者手持月琴或大广弦，边弹奏边唱念着，内容多是从传统戏曲的内容和曲牌中汲取的精华，改编成具有故事梗概的情节性曲目，也多数表现出忠孝仁义或传统劝世等内容。

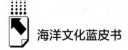

有类似相关记载的，还有连雅堂之《雅言》，内文记载当时台南街头上有盲女持着月琴沿街卖唱，比如《昭君和番》《英台留学》《五娘投荔》等有讲述男女悲欢离合歌谣，也有把一些台湾地区的传说故事编了歌词去唱念的，如《戴万生》《陈守娘》。这些其实都可以呈现当时台湾社会民间说唱的情景。闽南方言中称这类念歌唱词叫"七字仔"，先是说唱，后被部分走街艺人编成册，称为"歌仔册"或"歌仔簿"，这些艺人在沿街弹唱的同时也贩售这些文本。这类念歌也多数由民歌演变而来，之后更形成了歌仔戏唱腔，典型的包括了《江湖调》《七字调》《都马调》《杂念仔》。

郑成功开台情况也多数被描写在当时的歌仔文本里。"刺、刺、刺，'东都'就来去，来去允有'某'，不免'唐山'怎艰苦。"像这首题名为《刺瓜》的歌谣就描写郑成功于永历十五年（1661）三月一日，带着大批人马渡海在台湾南部登陆，打败荷兰人的历史事实。另外还有《郑成功复台诗》写："开辟荆榛逐荷夷。十年始克复先基。田横尚有三千客。茹苦间关不忍离。"《郑国姓开台湾歌》（又名《台湾旧风景歌》）、《劝人莫过歌》、《辛酉一歌诗》，都是通过歌词叙述当时台湾社会景况。

据不完全统计，在清代台湾地区大约曾发生过二十多次各类反清运动，其中较大规模的是康熙六十年（1721）"鸭母王"朱一贵之变、乾隆五十一年（1786）彰化林爽文之变。其时，台湾岛内有关时事描述的歌谣与流唱的歌谣更多，这类被称作反清运动歌谣，如《台湾朱一贵歌》批判朱一贵为造反之逆贼；《台湾陈辨歌》叙述抗清运动"张丙之役"，等等，那些内容都呈现了清代"三年一小反，五年一大乱"社会情况。这些歌谣通过街头艺人传唱，和被编在歌仔册中流传下来，有的后来也出现在传统戏曲的曲牌中。

（二）民间歌谣

许常惠先生将广义的民谣解释为以歌唱为主的民俗音乐，[①] 以台湾地区汉族民谣来说，可从其用途分五大类：歌谣、戏剧、说唱、歌舞、儿歌。其中，歌谣为狭义的民谣，包括：【宜兰调】《丢丢铜仔》《驶犁歌》《草暝弄鸡公》《六月田水》，【恒春调】《思想起》，【枫港调】《四季春》《牛尾摆》《台东调》《台北调》《桃花过渡》《六月茉莉》《五更鼓》《乞食调》《卜卦调》《万枝仔调》《彰化调》《新竹调》与《台南调》等。这类歌谣以情歌为主，有的歌谣可同时有两种以上呈现形式，如兼作歌舞与歌谣的《驶犁歌》《桃花过渡》，以及同时具有歌谣与说唱功能的《思想起》与《牛尾摆》，也就是台湾福佬系民谣有多种表现形态的特色。

从艺术起源来看，"劳动节奏说"是台湾人民循着砍树、挑担、拉纤的音律哼成了曲调；"情感抒发说"是因快乐或悲伤情绪的表达而演化成歌；"高声谈话说""语言说""诅咒说"等不同曲调来源之说，分别呈现了先民身处广阔山河中为了互相对答，因而提高声音拉长语调，而自然形成了歌谣；为了配合说话时的表情，以达到抑扬顿挫效果，把说变成了唱；念诵宗教经文久而也成为曲调。久而久之，形成了见证台湾社会生活发展历史的"台湾民谣"。

从台湾历史发展看，明末清初，有大批先民渡过有"黑水沟"之称的台湾海峡入岛开垦，筚路蓝缕，以启山林，为子孙开拓美丽宝岛。这阶段约两百余年间为闽南方言民谣输入传播与肇基期，是古老传统民谣在台湾岛上这块土地生根发芽茁壮成长，且孕育其特有风貌与本质的时期。其日积月累所流传下来的作品，部分由大陆各地民间小调改编而成，歌词描绘农业社会的生活点滴、为人处事道理与社会

---

① 许常惠：《现阶段台湾民谣研究》，乐韵出版社，1992，第 14~16 页。

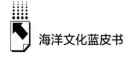

现象等方方面面。

例如，入台移垦初期的闽南先祖们思乡心切，许多人借着大陆家乡歌谣抒发乡愁郁闷，此时的民谣多以生活点滴为素材，并阐述不同的意义与道理，更谈及生活景况与社会现象，其内涵充满乐天与希望。叙述先民们垦荒耕作之余相邀三五好友畅饮划拳的《饮酒歌》，寄寓了老祖先的豪迈心境；从气候景象、阿公阿婆为煮咸煮淡吵得打破锅趣事的《天黑黑》（又称《天乌乌》），蕴含着团结合作才能成事的意义；农暇之余的歌舞小曲《牛犁歌》（又称《驶犁歌》）呈现寓乐于作的景象；描述恒春人到台东求职的《台东调》，展现外地谋生打拼前程的故事。此外还有，母亲哄着婴儿入梦乡的柔美摇篮歌《摇囡仔歌》；叙述早期人们于闲暇时玩乐抛丢铜钱游戏的歌，后来又成为记载兰阳地区火车开通的交通历史的《丢丢铜仔》；江湖卖药者劝人为善的《劝世歌》；教人婆媳之道的《祖母的话》；等等。

情歌有的含蓄诉情，有的逗趣欢唱，如表达爱意的《六月茉莉》，阿伯与小姑娘间调侃与逗情的《草螟弄鸡公》，描写摆渡阿伯与桃花姑娘逢场作戏的《桃花过渡》，写体恤妻子怀孕在身的恩爱情意之《病子歌》，意乱情迷缠绵动人的《五更鼓》，等等。根据民族学者的分析，这类兼具南方温和气质与北方豪迈特色的民谣，不仅滋润了台湾民谣的成长，让旋律精神和歌词意趣呈现出乐观明朗、刻苦柔美的独特风格，亦呈现台湾人民刻苦勤俭、敢于冒险的达观性情。

从地理位置看，台湾地区闽南方言民谣大致分为三个系统。①西部平原系统流行的《天黑黑》《草螟弄鸡公》《五更鼓》《卜卦调》《一只鸟仔哮哮》《驶犁歌》《五更鼓调》《乞食调》《桃花过渡》《六月茉莉》等，主要表现了当年追随郑成功以军屯政策入台拓垦的先民们挨饥抗疾，从事农耕拓荒，开辟新天地的社会生活，也从歌谣内容中呈现出台湾人民乐天知命、迈向希望的精神。②恒春地区系统流行的【恒春调】《思想起》,【枫港调】《四季春》《牛尾摆》《台东调》具有质朴的民谣风格,也反映出当年以"落山风"闻名的恒春地区,过去因其特有的自然现象导致对外交通不易,传唱民谣较不易受外界物质文明影响。③宜兰地区传唱的《丢丢铜仔》与《喔杠杠》等,亦因当地对外交通不便,民谣更显平实淳朴的特殊气质。而上述三个地区之外传唱的《台北调》《崁仔脚调》《新竹调》等,主要以情歌为主。

若依歌词内容分,古早流传下来的民谣大致可分下列几种类型:①《病子歌》、《祖母的话》(又称《做人的媳妇》)、《满月歌》主要呈现家庭伦理;《耕农歌》《采茶歌》《牛犁歌》《乞食调》《江湖卖药调》为工作类歌谣;《六月茉莉》《桃花过渡》《相褒歌》《爱情哭调仔》为爱情类;《道士调》《牵亡歌》《抽签卜卦调》《哭丧调》为祭祀类;《修成正果歌》劝人戒酒色,《劝世歌》贬恶颂善,《台湾地名歌》与《台北调》描述地理,《郑成功开台湾》、《陈三五娘》与《雪梅思君》叙史等为叙述类,叙述人、事、物、史;《饮酒歌》《猜拳歌》《嫁尪歌》为趣味类;《游戏歌》《摇篮歌》等为童谣类。

从台湾历史发展而言,岛内以闽南方言为主要载体的民间歌谣,其曲调精神、歌词结构和形态,均承袭着大陆传统音乐的系统。这类民间歌谣是时代的镜子,记载当时台湾地区的历史与精神风貌;真实反映台湾人民生活中的悲欢离合,唱出了人民的心声,是台湾人民集体创作的智慧,因而受到欢迎。这些口耳流传的民谣,在社会变迁下,世代延续,历久弥新,不断传唱,更是通过现代电子音乐配器,而演变成具有地方乡土特色的流行歌曲。

---

① 简上仁:《台湾民谣》,众文出版社,1992,第18~21页。

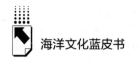

四 闽南方言民间歌谣入岛融合发展

由闽南传入台湾地区的民间歌曲，有五大歌种三十多首。[①] 其中，山歌有安溪的《采茶相褒》，漳州的《大溪出有溪边沙》《老鼠过溪》等；小调有《送歌调》《草蜢歌》《病子歌》等；儿歌有《天乌乌》《鸡角仔》《打铁哥》《一放鸡，二放鸭》；吟诵调有《春日偶成》《枫桥夜曲》等；乐器曲填词有《百家春》《安溪调》《对面答》等。此外还有宗教音乐、佛曲、道曲和巫歌等。同时亦含曲艺，或称说唱音乐，有锦歌、盲人说唱等牌子曲，以及答嘴鼓（或称四句联仔）、摇钱树等吟诵类。

综合专家学者研究，以下针对小调与儿歌两类别，分举数首歌曲为例，探讨由闽南传入台湾地区的流变与融合。[②]

（一）小调

闽南地区的小调又称"里巷之曲"，除民歌之外，在一些歌舞小戏中也有小调，由于小调有相对的稳定性，传入台湾地区后，与闽南原乡的同名小调差别不大。

1.《五更鼓调》与《五更思君》

当初自闽南入岛拓垦之先祖有众多单身男性移民，一些涉及男女情爱的歌曲，更容易成为抒发离乡背井的苦闷之情，发挥心理补偿作

---

① 刘春曙：《闽台乐海钩沉录》，海峡文艺出版社，2008，第 11 页。

② 许常惠：《台湾福佬系民歌》，百科文化出版社，1982；许常惠：《现阶段台湾民谣研究》，乐韵出版社，1992；简上仁：《台湾福佬系民歌的渊源及发展》，台北《自立晚报》，1991；简上仁：《台湾民谣》，众文出版社，1992；蓝雪霏：《闽台闽南语民歌研究》，福建人民出版社，2003；王予霞：《文化传承》，海风出版社，2004；刘春曙：《闽台乐海钩沉录》，海峡文艺出版社，2008。

用，在岛内流行的《五更鼓调》即为典型例子。"五更鼓调"在中国歌谣史上由来已久，《乐府诗集》及敦煌典籍中都有记载。[①] 在台湾流行的《五更思君》："一更更鼓月照山，牵娘的手摸心肝。我君问娘欲安怎，随在阿君你主盘……"即源自中国歌谣史上之"五更鼓调"。《五更思君》原为歌舞小戏吸收之后再改编，其节奏缓慢、曲风哀凄，以抒发男女之情或少妇闺怨、相思。通过移民传入后，曾风行一时，许多长篇故事歌谣皆以此调插入，如《英台留学歌》就有一段。

另外，许多歌仔都插入此曲，如《新雪梅思君歌》《改良长工歌》《新克死某歌》《病子歌》等。台湾地区的《五更思君》与泉州、惠安《五更鼓调》的曲调与歌词完全相同；均为"江南时调"《孟姜女》的翻版。1925年，日蓄（Niponohon）唱片公司从日本聘请了具有录音技术的人来台灌制闽南方言曲盘（唱片），受聘者均为当时一流的艺人，其中，由"匏仔桂"所唱之《五更思君》传唱至今。

2. 《番客歌》与《雪梅思君》

由日蓄版唱片所录制之曲盘中另有一首"幼良"所唱的小曲《雪梅思君》："正月算来春酒香，家家户户门联红，红男绿女满街跑，迎新正心轻松，只有雪梅心沉重，牺牲青春好花丛，为君立誓不嫁尪，甘愿来守节一世人……"这首小曲当时又称"厦门调"。《雪梅思君》主要承袭晋江市石狮之《番客歌》，当时泉州、晋江一带有不少男性为生活出洋到东南亚打拼，因而拆散了一些夫妻或情爱男女，《番客歌》唱出了留在家乡女性的心声。

3. 《父母主意嫁番客》与《红莺之鸣》

闽南地区尤其是泉州、晋江一带传唱的民歌《父母主意嫁番

---

① 王予霞：《文化传承》，海风出版社，2004，第40页。

客》："父母主意嫁番客，番客没来采，一年一年大，在家中受拖磨，无时通快活。兄弟一大拖，轻重总是我。但得无兜划，抽签共卜卦，下神托佛保庇我君，你着紧来采……"位于"海上丝绸之路"重要地区的泉州、晋江一带，有一些早年渡南洋谋生之华侨（番客），辛苦打拼，拥有不错的经济基础后衣锦荣归乡里，也让故乡人羡慕那些番客，纷纷希望自家女儿嫁给番客。不料 1937 年，卢沟桥事变，抗日战争全面爆发，在长达八年的全面抗日战争中，南洋交通断绝，音讯杳然，那些早年嫁给番客的侨妇，或者等待嫁番客的女孩，在家乡等了一年又一年，丈夫或情郎远在大洋彼岸，生活无着落，日日守着空房，闺怨相思尽上心头，歌曲道出了闽南地区家庭伦理变化的心声。

《父母主意嫁番客》由古曲《苏武牧羊调》改编，该古曲亦作为上海黎锦晖所编儿童歌剧《麻雀与小孩》中，采为雀母诉悲和小孩慰问的对唱曲；上海卖唱者多用此曲填词唱出。[①] 传入宝岛之后，由蔡德音依曲调作词，写了一首《红莺之鸣》并出版唱片，亦称"国庆调"："日落西，爱人还不来，忧闷在心内，可恨这现代，现世间，不应该，迫阮对还来，我要出头天呀！何时也不知，我的爱人呀……"该曲写作时正处于半开放社会下，表达了女性对爱情向往之心声，很受欢迎。

4.《送哥调》与《台南调》

在闽南十分流行的《送哥调》曾被锦歌、戏曲和歌舞所吸收，最早用在竹马戏《管甫送》，送爱人返乡之《送哥调》："一步（来）送兄喂到床（的）边啰，双手（来）牵兄（啰）落泪啼，兄你来坚心（啰）要返（哪）去啰，误妹的青春啊少年时啰，哪哎哟，管甫

---

① 陈君玉：《台语流行歌运动》、《汉乐改良运动》，载台北市文献会《台北市志·卷十杂录丛录篇》，1962，第 24 页。

啊喂！少年的时啰。"

《送哥调》传唱至台湾岛内，变成了《台南调》；后又衍化成《牛犁歌》（或称《驶犁歌》），三首歌之曲调基本相同，但歌词有别。其中，《台南调》唱词如下："一送梁哥（嗳）欲起身，千言万语（喂）说不尽，保重身体上要紧，不通为阮费（来）心神，哪嗳哟伊都梁歌喂！不通费心神……"

《牛犁歌》或《驶犁歌》："头戴竹笠喂，遮日头啊喂，手牵着犁兄喂，行到水田头，奈嗳唷犁兄喂，日曝汗愈流，大家合力啊，来打拼嗳唷喂，奈嗳唷里都犁兄唉，日曝汗愈流，大家来打拼，嗳唷喂……"《台南调》唱词以梁山伯、祝英台的故事为基调，写男女分开别离之情；而《牛犁歌》或《驶犁歌》则以耕田男女对唱互相勉励打气为诉求，亦唱出了先民在嘉南平原农事忙碌之写照。两种唱词虽不同，就曲调而言，堪称台湾福佬系民歌承袭闽南民歌曲调的实例。

5.《病子歌》与《长工歌》

台湾地区传唱的《病子歌》（又称病囝歌）与泉州民间流行、黎园戏中的《病子歌》可说完全相同。漳浦、华安竹马戏的《病子歌》曲调亦同，唯内容是诉说长工苦情者，称《长工歌》。

泉州《病子歌》："正月思想（啰）桃花开，娘今病子（伊都）无人知，我今问娘（啰）爱吃什么？爱吃山东（伊都）香水梨，爱吃我去买。"华安《长工歌》："正月思想（啊）人迎厝，正手添饭倒手捧，人人生囝养父母，母母卖我来做长工，做长工……"传到宝岛，《病子歌》唱词有一段是这样唱的："正月算来（啰）桃花开，娘今病子无知，君今问娘（啰），卜食什么？卜食山东香水梨。卜吃我去买……"就《病子歌》而言，不论词或曲，泉州与台湾地区所唱均无二致，基本是承袭了泉州唱法，以怀孕妻子害口想吃山东水梨及各色五花八门食物，从桃仔青、老酒、白糖、双糕润、红荔枝、炒

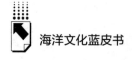

凤梨、文旦柚、炒黑枣、炒鸡公等内容。

6.《锦歌蚱蜢调》与《草螟弄鸡公》

以蚱蜢为主题的草螟歌在闽台两地均有流传，在厦门锦歌中有一首《锦歌蚱蜢调》（又称《十二工场歌》）："第一来工场在打铁啊，手拿铁锤打铁枝。打得汗流湿与滴啊，身体没洗黏滴滴。（心肝喂着喂啊）阁旦一个来，会打阮不爱一个二百五四个走一块（咿啊咿）。"

蚱蜢调主要写出基层工人心声，流传入岛后，摇身一变为一首写年轻姑娘与求爱老年男人相互逗趣之歌，即在台湾省嘉南地区传唱不辍的《草螟弄鸡公》："人生六十像古树，无疑食老（啊是）逾建丢，看着小娘面肉幼，害我学人老风流，哪嗳唷哟老风流，草螟弄鸡公，鸡公劈咆跳。老人食老（啊是）性爱守，不通变成老不修，你那爱我作牵手，可惜汝有长嘴须，哪嗳唷哟长嘴须，草螟弄鸡公，鸡公劈咆跳……"两首草螟歌曲调基本相同，仅尾音稍有差别；另，《锦歌蚱蜢调》为七声音阶，《草螟弄鸡公》为五声音阶；文本意涵则完全不同。

7.《走唱调》与《卜卦调》

流行于龙溪、海澄一带的闽南锦歌《走唱调》，传入嘉南地区后称《卜卦调》（又名《乞食歌》）。就音乐论，二者主旋律基本相同，混合拍子、音列均同；唯《走唱调》有前奏及尾奏，且两首的结束音不同。在歌仔戏《陈三五娘》中唱词如下："清早起来天渐光，找无五娘来梳妆（伊），找无陈三扫厅堂（啊），（伊伊）找无益春煎茶汤。（伊）安人找无嘴开开，员外找无叫受亏（伊），可恨陈三贼奴婢（啊），（伊伊）害子一身无所归（伊）"。

宝岛传唱之《卜卦调》唱词："手摇签筒有三支，要卜新娘入门喜，现在有身三月日，包领会生莫嫌迟伊。头支五娘陈三兄，甘愿为娘来扫厅，婚姻虽然能成事，一心欢喜一心惊伊。三支关公扶刘备，要问仙祖做生意，你若添油二百四，明年包领大赚钱伊。"两首唱词均与《陈三五娘》故事有关。附带一提的是，《走唱调》或《卜卦调》的旋律，20世纪60年代，在台湾电视公司开播后的歌唱节目"群星会"中，又被以中文填词，唱成了《傻瓜与野丫头》。

8.《土地公杂嘴》与《歹歹翁吃抹空》

《土地公杂嘴》属漳州锦歌的杂嘴调，唱词内容是祈求土地公保佑嫁个好丈夫："保庇阮嫁着打铁怃，手举铁锤叮当当，呣通给阮嫁着赌博怃，皮箱，衣裳，簪仔，头插，共阮当空空，保庇给我嫁着种田怃，戽水犁田心头松。"

这首锦歌传入台湾，变成了《歹歹翁吃抹空》，曲式、旋律结构及词格基本相同，其歌词中的一段："嫁着读书的翁，（佫）床头困，床尾香，三日若无食（佫）会（啊）轻松。嫁着做田翁（佫），每日无闲（来）梳（啊）头鬃。嫁着总铺翁，身躯油油看着未（啊）轻松。"口传后经由电音配乐，由邓丽君唱红，两首相比，《土地公杂嘴》音调平稳、流畅，比较口语化，而《歹歹翁吃抹空》有切分音和后八分、十六分音符，曲调跳跃诙谐。再加上，通过电音配乐方式而使歌曲产生了更为轻快俏皮的效果。两首曲名虽不同，文本部分基本是呈现旧社会女性祈求找到一个如意郎君的诉求，以及"嫁鸡随鸡、嫁狗随狗"的女性心声。

（二）儿歌

《天乌乌》与《鸡角仔，早早啼》是闽南儿歌传入台湾地区后，编成流行歌曲并配以电音乐队，在海峡两岸广为传播且风靡大江南北的经典例子。

1.《天乌乌》与《天黑黑》

《天乌乌》这首儿歌在两岸流行歌曲重要传唱者邓丽君于1968年刚出道时，曾由宇宙唱片发行一张"邓丽君台湾民谣——丢丢铜",其中收录着这首又名《天黑黑》的闽南儿歌①:"天黑黑,要落雨,阿公仔举锄头要掘芋,掘啊掘,掘啊掘,掘着一尾旋鰡鼓,真正趣味……"此曲源自原生态的闽南儿歌《天乌乌》,原为念唱式童谣,歌词为:"天乌乌,卜落雨,阿公子举锄头,巡水路,巡着鲤角仔娶某,龟吹箫,鳖拍鼓,田蛉举旗喝艰苦……"

20世纪20年代由谢云声所辑录的《闽歌甲集》第三十九载,有流行厦门与泉州一带的《天乌乌》三首,在台湾岛内流行的亦为三首,就其内容而言,稍显冗长,厦泉一带的歌谣则较为短小;从旋律看,其走向大体一样。泉州的《天乌乌》唱词则为:"天乌乌,欲落乎,老引妈,去洗裤,老引公,去掘某,掘着一尾柴鱼巴,称了二斤半,引公说要剖,引妈说要补月内;引公食一嘴烟,引妈生干晡孙。"

相较之下,台湾地区经由电音配乐的《天黑黑》,全曲前半部唱阿公挖了泥鳅回来,全家高兴;后半部唱二老争吵,把锅给打破了。全曲大多一字一音,唱出的旋律与口语相近,语言朴实自然,语调诙谐生动,音化形象朴实无华,将早期闽南农村生活气息点滴显露无遗,也许这是于宝岛传唱之后又回传至大陆的主要原因。

2.《鸡角仔,早早啼》与《祖母的话》

另一首儿歌《鸡角仔,早早啼》,原词如下:"鸡角仔,早早啼。做人厝媳妇,早早起。入房内,绣针业。入厅内,流桌椅。人灶脚,洗碗碟,烦恼鸡无糠,烦恼鸭无卵,烦恼灶前无水缸,烦恼灶后无粗糠,烦恼小叔要娶无眠床,烦恼小姑要嫁无嫁妆。呵咾兄,呵咾弟;呵咾亲家亲姆爻教示,教阮一双脚一寸二。"

---

① http://webcache.googleusercontent.com/search? q=cache: TmOza9t9xfwJ: www.youtube.com/watch%3Fv%3DVPR5Bii_ H4g+%E9%84%A7%E9%BA%97%E5%90%9B+% E9%96% A9% E5% 8D% 97% E8% AA% 9E% E6% AD% 8C% E6% 9B% B2&cd=1&hl=zh−TW&ct=clnk&gl=tw,2010年8月18日浏览。

《鸡角仔，早早啼》流传入岛后经改编为《祖母的话》，由游国谦编词、刘福助作曲，其词有四段，如下："做人的新妇着知道理，晚晚去困着早早起，又搁烦恼天未光，又搁烦恼鸭无卵，烦恼小姑欲嫁无嫁妆，烦恼小叔欲娶无眠床。做人的新妇着知道理，晚晚去困着早早起，起来梳头抹粉点胭脂，入大厅拭桌椅，踏入灶间洗碗箸，踏入绣房绣针黹。做人的新妇也艰苦，五更早起人嫌晚，烧水洗面人嫌热，白米煮饭人嫌乌，气着剃头做尼姑。若是娶着彼落歹新妇，早早着去困，晚晚搁不起床，透早若是加伊叫起就面臭臭，头鬃又搁背块肩胛头，柴屐又搁拖块胭脊后，着 KIKIKOKO KIKIKOKO，起来骂大家官是老柴头。"

虽然曲名不同，闽南原生态儿歌这首《鸡角仔，早早啼》将为人媳妇者比喻为要像早啼之公鸡，应该是全家人最晚入眠又最早起床的角色，也写出新媳妇难为之处；而《祖母的话》取消了"鸡角仔"的角色，直接以"阿嬷（祖母）"传世的话切入告诫为媳之道，二首曲子的内容基本相同，均在叙述为人媳妇者在传统家庭中的妇道定位。

五 结论

闽南文化的发展经历了孕育、形成与成熟、灾难、播迁与转型的过程。明中叶以后，朝廷实行违背规律的朝贡贸易和严厉的海禁，沉重地打击了闽南的经济发展，也使得明代时的闽南文化很难如宋代时那么辉煌灿烂，并逐渐被边缘化。[1] 不过，闽南人那种"爱拼才会赢"的争强好胜之心，却从明代中叶开始导演了闽南民系、闽南文化的大播迁，不断有闽南人成群地远涉重洋往南洋、往台湾地区、往

---

① 陈耕：《闽南民系与文化》，厦门鹭江出版社，2009，第39~40页。

新的天地去谋生与开发，并获相当成就，固然主要是由于统治者的政策和闽南环境的变化，却也同闽南人对外来文化有较强的融合力和适应力不无关系。

　先民带入台湾地区的民歌、戏曲、歌舞、说唱、乐器和宗教音乐，都在岛内生根开花，繁衍传承，经过几百年的吸收融合，有的仍保持原貌，有的已发展成具有本岛特色的民间艺术，成为中华民族音乐宝库中的一枝独秀。福佬文化和闽南文化形成一对姐妹花，"犹为琴瑟，隔岸和鸣"；从民间艺术角度观之，自闽南传入台湾地区的有歌、舞、戏、曲、乐等全方位多形式的状态。

　民歌者，为各民族因应生活之需求如劳动或抒发情感而信口唱出的歌谣，流传于人民群众的口头，并世代传唱，深深扎根在人民生活的沃土中；是由群体世代口头传唱，并不断加以改编，再创造而形成的一种具有变异特点、地域风貌和民族特色的非专业创作的音乐作品。从这些歌谣丰富生动的语言，鲜明突出的艺术特点，五彩缤纷的艺术风格，广泛而深刻地反映着社会生活。台湾所流传的闽南方言民间歌谣，总是陪伴着人们度过不同阶段的沧桑岁月，亦见证着台湾地区的开发与历史发展。

案 例 篇
Case Studies

B.6
中国海洋文学发展报告：以"岱山杯"
全国海洋文学大赛为例

李国平*

摘　要： 21世纪，为了实现海洋强国发展目标，需要从各方面努力弘扬海洋文化，其中海洋文学是重要的方面。本文以"岱山杯"全国海洋文学大赛为例，对我国海洋文学的发展情况进行了比较全面的分析，并对未来发展进行展望。"岱山杯"全国海洋文学大赛自2011年首次举办至今，每年都会收到几千件作品参赛，为发展和繁荣海洋文学，关注和挖掘反映海洋人文精神与人类共同命运的文学作品付出了努力，其知名度和影响力亦与日俱增，成为海洋文化建设的一个品牌。在"一带一路"和海洋发展战略的

---

* 李国平，浙江岱山县融媒体中心，中国作家协会会员，主要从事新闻编审、文学写作，已出版文学作品集4部。

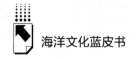

背景下，海洋经济发展正在为中国的经济发展发挥巨大的
作用，而海洋文化的繁荣与发展必将成为社会发展的助推
器，也必将有更多的海洋文学经典之作随之涌现。

关键词： 海洋文化　海洋文学　"岱山杯"全国海洋文学大赛

海洋世纪呼唤海洋文化，海洋文化呼唤海洋文学。为了进一步发
展和繁荣海洋文学，同时促进海洋文化名县建设，2011年，浙江省
岱山县人民政府与中国散文学会携手启动"岱山杯"全国海洋文学
大赛，到2021年，已连续11年举办了11届。大赛不仅收获并推出
了数以万计主题鲜明、内涵丰富、关注和挖掘海洋人文精神的文学作
品，也以文学的名义和力量助推了海洋文化建设。

一　中国海洋文学发展的基本情况

"海洋文学"就是所有以海洋、海岛、海岸与海上生活为描述和
抒发对象以及有关涉海题材的文学作品的统称。海洋文学不仅是一个
题材和地域概念，而且是一个历史和时代概念，即作家、诗人用文学
的独特表达形式展示特定历史阶段或某个地域的历史、人文、地理等
综合内容，表现人类在海洋背景下对生存、生活、心理感受等的一系
列思考及精神活动。

海洋文学不只是以海洋为题材，还要写出海洋与人的关系、写出
与海打交道的人的精神特质，它同社会历史发展紧密相连，或者说是
社会历史发展的艺术记录。从古希腊的荷马史诗《奥德赛》到希腊诗
人埃利蒂斯的《爱琴海》，从意大利诗人夸西莫多的《海涛》到智利
诗人聂鲁达的《大海的新娘》，从俄罗斯普希金的《致大海》再到法

国作家瓦雷里的《海滨墓园》，还有英国作家笛福的《鲁滨孙漂流记》，法国作家凡尔纳的《海底两万里》，美国作家海明威的《老人与海》……一部世界文学史，可以用大海的波涛绵延其始终。

自人类诞生之日起，海洋便与人们的生活有着极为密切的联系，既风平浪静又波澜壮阔。它带给人类巨大的灾难，又赐予人类无穷的财富。浩瀚的海洋在带给人们巨大心灵震撼的同时，也深深触动着人们的审美情感。而当海洋的各种自然属性、社会属性与不同时代、不同地区人们的审美情感相碰撞时，具有丰富内涵的海洋意象、文学作品便相继诞生。因此可以说，海洋文学是一种题材性的类型文学，中国海洋文学自古就存在，它反映了中国人对于海洋的认识、理解和想象。

中国的海洋文学源远流长。在《诗经》《楚辞》中就已出现了大海的意象，成书于先秦至汉的古籍《山海经》可以看成是中国海洋文学的源头，《精卫填海》的故事可以看成是中国最早的海洋文学典范作品。孔子曾有过"道不行，乘桴浮于海"的乌托邦思想，还有庄子称得上是中国第一个歌唱海洋的诗人，如《秋水》《逍遥游》，描绘出庄子面对大海产生的奇异想象。魏武帝曹操北征乌桓回军途中写下了《观沧海》，诗句中有描绘他东临碣石看到沧海宏伟壮阔的景象，自此以降，尤其明清以来，海洋诗歌蔚为大观，不可胜数。

我国是海洋文明大国，拥有漫长的海岸线和数量极多的海岛，也有着璀璨而浪漫的航海史。中国不仅有广阔的陆地面积，还有辽阔的海洋面积。21世纪是海洋的世纪，海洋文学创作和研究可以说大有可为。随着人类加速开发海洋的脚步，近年来中国的海洋文学也逐渐成为关注的热点。世界强国，必然要成为海洋强国，这是我们中华民族历朝历代的梦想，也是海岛人的梦想。

2011年，从树立文化的高度自觉和文化自信的角度出发，岱山县人民政府与中国散文学会携手合作，成功举办了首届"岱山杯"

全国海洋文学大赛；截至 2021 年已经成功举办了 11 年 11 届。十多年来，通过大赛，涌现出数以万计主题鲜明、内涵丰富、关注和挖掘海洋人文精神的文学作品。总观大赛的获奖作品，其题材和内容、内涵和主题、风格和文本，都呈现出鲜明的个性，充分表明海洋文学创作具有强大的开放度和包容性。在国内的征文赛事中，以海洋海岛为主题内容的"岱山杯"全国海洋文学大赛已成为一项独特的赛项和地域文化符号，进一步厚植了海洋文化的成长土壤。同时，它吸引和招聚了更多作家、诗人进入海洋文学创作园地，并以他们的作品影响更多的读者。

二 "岱山杯"全国海洋文学大赛发展情况

2011 年，首届"岱山杯"全国海洋文学大赛由中国散文学会和浙江省岱山县人民政府联合主办。从 2010 年 12 月启动到 2011 年 3 月底截稿，大赛共收到海内外 5600 余名作者的近万篇作品。作者中年龄最大的是 83 岁的鲁迅研究专家蒙树宏，年龄最小的是绍兴的一名小学二年级学生。本届大赛共有 46 篇作品分获一、二、三等奖及优秀奖；其中吉林军旅作家、少将贾凤山的散文《感叹岳桦林》和山西作家葛水平的散文《缘，需要一颗善心来恩养》获得一等奖。2011 年 6 月 15~17 日，中国作家协会副主席谭谈、中国散文学会秘书长红孩以及部分文学期刊主编、获奖作家代表等 40 余人汇聚岱山，参加颁奖仪式。国际新闻快讯、《中国日报》、中国网络电视台、《浙江日报》、浙江（在线）新闻、中国旅游新闻网等媒体对大赛活动进行了报道。

2012 年，第二届"岱山杯"全国海洋文学大赛自 2011 年 12 月启动至 2012 年 5 月 31 日截稿，共收到海内外 6000 余名作家的应征作文约 11000 篇。广西作家孙勇的散文《访海》、山东作家许晨的散文《岛的记忆》获得一等奖，另有 30 篇作品分获二、三等奖。2012 年 6 月 16~18 日，大赛颁奖典礼在岱山县举行。叶辛、江子、张文宝、红孩等著名作家以及大赛主办方领导和评委、获奖作家代表 50 余人汇聚岱山，共同见证了这一海洋文学大赛盛事。颁奖活动期间还举行了"当代海洋文学创作暨岱山旅游经济发展"座谈会。许多作家表示，岱山作为一个海岛县，有着极其丰富的海洋文化资源和优越的海洋文化环境，将为广大作家提供广阔的创作平台。海洋文学创作大有可为。

2013 年，第三届"岱山杯"全国海洋文学大赛自 2013 年 1 月启动至 4 月 30 日截稿，共收到海内外 4500 多名作者的 6000 余篇应征作品。经评审，最终有 32 篇作品分别获得一、二、三等奖，其中北京军旅作家丁小炜的散文《漂泊》、湖南作家谈雅丽的组诗《踏着大海的蓝色行板》获得一等奖。2013 年 6 月 16~18 日，第三届"岱山杯"全国海洋文学大赛颁奖典礼在岱山县举行。中国散文学会常务副会长红孩、上海作家协会副主席赵丽宏、浙江省作家协会副主席嵇亦工等以及大赛评委、获奖作家代表 50 余人参加了颁奖典礼。活动期间，作家们出海体验渔民生活，观赏国家非物质文化遗产项目休渔谢洋和渔歌号子等，零距离感受浓郁的海洋海岛风情。凤凰网、新华网、人民网、搜狐、《浙江日报》等媒体对大赛活动进行了报道。

2014 年，第四届"岱山杯"全国海洋文学大赛的主办方与前三届相同。大赛自 2014 年 2 月开始征稿至 6 月底截稿，共收到海内外 3280 位作家的应征作品 4600 余篇（首），并最终评选出一等奖 2 名、二等奖 10 名、三等奖 20 名、优秀奖 25 名。其中，安徽作家宇轩的组诗《岱山笔记》、重庆作家敬一兵的散文《澹澹海姿》获得一等奖。2014 年 6 月 16~18 日，第四届"岱山杯"全国海洋文学大赛颁奖典礼在岱山举行。大赛主办方领导，中国散文学会副会长叶梅，浙江省作家协会党组成员、秘书长王益军，大赛评委李少君以及获奖作家代表 50 余人参加了颁奖典礼。活动期间，与会作家还在岱山各乡镇进行采风。中国作家网、贵州作家网、安徽文学网、中国海洋网、凤凰网、新华网、人民网、《文艺报》等数十家媒体对大赛活动进行了报道。

2015 年，第五届"岱山杯"全国海洋文学大赛除中国散文协会、浙江省岱山县人民政府继续作为主办方外，从本届起，新增了浙江省作家协会作为主办方之一。自 2015 年 3 月大赛征文启事发出后截至 8 月 15 日，共收到海内外 2360 位参赛作家的征文 4500 余篇（首）。其中，山东作家许晨的散文《你好，中国"蛟龙"》获特等奖，浙江作家江一郎的组诗《在岱山岛观潮》和水东流的散文《胭脂盏》获得一等奖，福建作家林文钦的散文《大海何以辽阔》等 10 篇作品获二等奖，另有 45 篇作品分获三等奖和优秀奖。2015 年 10 月 17～19 日，第五届"岱山杯"全国海洋文学大赛颁奖典礼在浙江省岱山的秀山岛举行。颁奖典礼结束之后，参赛作家们就海洋文学的创作展开了深入探讨，并交流了各自的经验。央视网、人民网、新浪、网易、浙江新闻、中国海洋网等媒体对大赛活动进行了报道。

2016 年，第六届"岱山杯"全国海洋文学大赛由中国散文学会、浙江省作家协会、浙江省岱山县人民政府共同主办。大赛自 2016 年 2 月启动到 7 月 10 日截稿，共收到海内外 2580 余位参赛作家的征文 3260 余篇。其中，北京作家黄国光的散文《南海，我的中国海》荣获特等奖，北京作家徐可的散文《浪茄湾》、浙江作家李郁葱的组诗《岛屿之上》获得一等奖，山东作家牛鲁平等 10 位作者的作品获得二等奖，江苏作家张作梗等 20 位作者的作品获三等奖。2016 年 9 月 9～11 日，第六届大赛的颁奖典礼在岱山县举行。大赛主办方领导，中国散文学会名誉会长周明，浙江省作家协会党组成员、秘书长王益军，大赛评委陆梅、简明、荣荣等以及部分获奖作家代表参加了颁奖典礼。活动期间，主办方还组织了海洋文学与岱山经济旅游发展研讨会。与会作家一致认为岱山探索了一条把海洋文学融入经济发展新常态的新路子，活动对助推、宣传海洋文化起到了积极、长远的作用，海洋文学大赛已成为岱山"文化立县"的闪亮品牌。

2017年，第七届"岱山杯"全国海洋文学大赛由中国散文学会、浙江省作家协会、浙江省岱山县人民政府共同主办。自2017年3月15日启动至7月10日截稿，共收到海内外参赛作家的应征作品2300余篇。其中，北京作家韩小蕙的散文《什么是海》获特等奖，安徽作家孙大顺的组诗《在岱山与大海之间，用诗呼吸》、浙江作家许成国的散文《争渡，争渡》获得一等奖，北京作家胡烟等10位作者的作品获二等奖，浙江作家施立松等20位作者的作品获三等奖。2017年9月23~25日，第七届大赛的颁奖典礼在岱山县举行。中国散文学会副会长叶梅、国家海洋局宣教中心主任李航等以及获奖作家代表40余人参加了活动。《文艺报》《中国海洋报》《浙江日报》《钱江晚报》、人民网、凤凰资讯、网易新闻等国内数十家媒体报道了大赛的活动消息。《人民日报》等陆续刊发了作家采风抒写岱山的稿件。

2018年，第八届"岱山杯"全国海洋文学大赛增加了国家海洋局宣传教育中心作为大赛的主办方之一。大赛自2018年3月启动到7月10日截稿，共收到海内外1840余位作家的参赛作品2200余件。经过层层筛选，有57篇作品脱颖而出。其中，北京作家虞金星的散文《沧海曾望》、浙江作家厉敏的组诗《在岱山，感受一粒沙子的沧桑》获得一等奖，北京作家李青松等10位作者的作品获二等奖，浙江作家张德强等20位作者的作品获三等奖，另有25位作者的作品获优秀奖。2018年9月14~16日，大赛的颁奖典礼在浙江岱山县举行。中国散文学会副会长马力、浙江省作家协会党组书记、副主席臧军、大赛评委以及获奖作家代表40余人参加了活动。本次颁奖典礼还特邀5位历届大赛的一等奖获得者作为颁奖嘉宾。活动期间，大赛主办方还组织了全国作家"蓬莱仙岛"采风活动。人民网、新浪、网易、海峡之声、中国作家网、《文艺报》、《文学报》、《浙江日报》、《钱江晚报》、《中国海洋报》等国内数十家媒体报道了大赛的活动消息。

2019年，第九届"岱山杯"全国海洋文学大赛由中国散文学会、浙江省作家协会、浙江省岱山县人民政府共同举办。2019年是新中国成立70周年，大赛主办方要求征文作品把祖国放在心中，讲好中国故事，用更多的海洋文学精品力作书写祖国的辉煌历史。大赛自2019年3月启动至6月15日截稿，共有海内外2120位作者参赛。其中江西作家傅菲的散文《以山为舟》获特等奖，四川作家向以鲜的组诗《大海啊大海》、河南作家陈峻峰的散文《大海故乡》获得一等奖，江苏作家张作梗等10位作者的作品获二等奖，广西作家庞白等20位作者的作品获三等奖。2019年9月20~22日，第九届大赛的颁奖典礼在浙江省岱山县举行。中国散文学会副会长徐迅、浙江省作家协会副主席哲贵、作家出版社常务副社长商震等以及大赛评委、获奖作家代表50余人参加了颁奖典礼。在本次颁奖活动上，大赛主办方还邀请了3位历届"岱山杯"全国海洋文学大赛特等奖、一等奖的获奖作家作为颁奖嘉宾。人民网、新浪、网易、中国作家网、《文艺报》、《文学报》、《浙江日报》、《中国海洋报》等国内数十家媒体报道了大赛的活动消息。

2020年，第十届"岱山杯"全国海洋文学大赛由中国散文学会、浙江省岱山县人民政府共同举办，浙江省作家协会作为学术指导单位参与大赛的活动。大赛自2020年4月份启动至8月底截稿，共收到海内外2310位作者的参赛作品。其中，河南作家王剑冰的散文《偶遇岱山》、浙江作家高鹏程的组诗《细雨海岸》荣获一等奖，上海作家陈晨等10位作者的作品获二等奖，辽宁作家于厚霖等20位作者的作品获三等奖。2020年11月9日，第十届大赛的颁奖典礼在浙江省岱山县举行。中国散文学会常务副会长红孩，中国散文学会副会长、上海市作家协会副主席、中国诗歌学会驻会副会长刘向东，浙江省作家协会副主席荣荣等以及大赛评委、获奖作家代表 50 余人参加了活动。凤凰网、新华网、人民网、新浪、《文艺报》等数十家媒体对大赛的活动进行了报道。

2021 年，第十一届"岱山杯"全国海洋文学大赛由中国散文学会、浙江省岱山县人民政府共同举办。大赛自 2021 年 4 月启动至 8 月 15 日截稿，共收到海内外 2415 位作者的参赛作品。经评选，浙江作家陈家农的组诗《大海的礼物》和厉敏的散文《海岸物语》获得一等奖，北京作家王童等 10 位作者的作品获二等奖，北京作家仇秀莉等 20 位作者的作品获三等奖。本届大赛原定于 2021 年 11 月举行颁奖典礼，但因各地疫情反复予以推迟，后经主办方研判，为严格执行疫情防控政策，于 2022 年 5 月决定取消本届大赛的颁奖活动。

三　海洋文学大赛的特点及对中国海洋文学发展的启示

"岱山杯"全国海洋文学大赛起步于 2011 年。这一年的 6 月 30 日，我国第四个国家级新区、首个以海洋经济为主题的国家级新区——浙江舟山群岛新区批复设立。一晃 10 个年头过去了，舟山的海洋经济有了一批可圈可点的成果，而在海洋文化领域，岱山树起的海洋文学大赛品牌，成为海洋文化建设的一道亮丽风景。

（一）大赛活动机制更趋规范

在 2011 年大赛活动策划和启动之初，中国散文学会、浙江省作家协会等单位就对活动的举办提出相关要求，浙江作为海洋大省，应该建立海洋文学大赛的品牌效应和影响力，发动全国作家、诗人积极参与，并从中发掘一批有深度的海洋题材作品。主办方把海洋海岛题材定为大赛征文范畴，同时，制订了较为详细规范的大赛评选细则，明确了评奖理念、评奖范围、评奖标准、评奖机构、评奖程序等。对大赛的所有来稿，实行实名登记、隐名评选，并采取初选入围、二评提名、终评选优的评奖流程。同时，每届大赛都会重申评奖纪律，评委会成员不得有任何可能影响评奖结果的不正当行为，参赛作品不得有抄袭剽窃或侵权行为，一旦发现，将取消评委参与评奖工作的资格或作品的参评资格。

自首届大赛活动开展以来，主办方不断根据形势和变化，对参赛对象、奖项设置、组织机构等进行相应调整。2011~2014年，由中国散文学会和浙江省岱山县人民政府作为大赛主办单位，双方逐年签订合作协议，明确各自的权利和义务。由中国散文学会指定一名学会工作人员作为"岱山杯"全国海洋文学大赛活动的主要联系人，负责具体的协调、联络与服务工作。2015年起，增加浙江省作家协会成为主办方之一，2019年后，浙江省作家协会作为学术指导单位参与活动。2017年，国家海洋局宣教中心李航主任等莅临第七届"岱山杯"全国海洋文学大赛的颁奖活动，现场考察后主动提出加盟大赛主办单位，2018年，国家海洋局宣教中心成为大赛主办单位，后因机构改革重组等因素，于2019年退出。

2011年活动伊始，大赛征稿体裁仅限于海洋题材的散文，根据评委意见及参赛作家的呼吁，自2013年第三届起，征文范围由海洋题材的散文扩展到海洋题材的诗歌。奖项设置从第一届、第二届的一等奖2名、二等奖6名、三等奖8名，调整为特等奖1名、一等奖2名、二等奖10名、三等奖20名、优秀奖20名。奖项数量设置之多，可以说在国内文学征文中位列前茅。

（二）参赛及获奖人员覆盖面宽

随着主办方逐年加大活动的宣传力度，"岱山杯"全国海洋文学大赛的影响力和辐射面不断扩大。每届大赛征文启事刊出后，海内外作家、文学爱好者都会热烈响应，全国 31 个省、自治区、直辖市都有大量作者投稿，新加坡、澳大利亚、新西兰、美国、加拿大、英国等国的华侨作家也积极参与。专业作家中，中国作家协会会员参与比赛的热情尤其高，且参赛作品质量较高。例如，2012 年，在 70 篇入围作品中，中国作协会员的作品就达到了 16 篇，占备选稿件数量的23%。2013 年，在 100 篇入围作品中，中国作协会员的作品达到了24 篇，占入围作品的 24%。

参赛作家中不乏名家。如山东省作协副主席许晨、江苏省作协副主席张文宝、海南省作协副主席符浩勇、《青岛文学》主编牛鲁平、《文艺报》副总编徐可、《光明日报》副刊主编韩小蕙、中央人民广播电台主任编辑范明、中国文联出版社编辑部主任洪烛、西藏军区副政委、军旅作家吴传玖等都在大赛征稿信息发布后不久就发来了参赛作品，这些优秀的稿源，为征文比赛增添了不少亮色。

获奖作家中，有不少还获得过鲁迅文学奖、冰心散文奖。如获奖作家中的韩小蕙、王剑冰、吴光辉、唐朝晖、顾丽敏、李青松等分别获得第一至五届冰心散文奖，第一届大赛的一等奖获得者葛水平曾获得过第四届鲁迅文学奖，第二届大赛的一等奖获得者许晨曾获得过第七届鲁迅文学奖，有 18 位获奖诗人曾参加过《诗刊》社的"青春诗会"。

（三）大赛宣传效应逐步提升

主办方在每届大赛活动启动后，都会通过中国作家网、中国海洋文化在线、征集网以及《散文选刊》《诗歌月刊》《中国海洋报》《文学报》等多种媒介刊发征文启事，并根据宣传推介的需要，在相关杂志网站刊发的征文启事中植入关于海洋文化的宣传内容。通过广泛的宣传活动，让全国各地的作家诗人知道并了解了岱山，这为助推和宣传岱山起到了积极、长远的作用。如 2017 年在中国作家网上刊

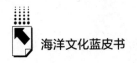

登的大赛活动资讯,其浏览量达到了34万人次。从征稿收集的地域范围来看,几乎全国各省、自治区、直辖市均有作者投寄抒写岱山的稿件;另外在大赛评选揭晓之后,通过把获奖作品发表于相关报刊,较好地宣传了岱山的风土人情。大赛评选揭晓后,国内数十家媒体都会陆续报道大赛颁奖活动消息或转发主要获奖作品,这些报道和文章,都正面地、直接地向人们展示了岱山的海洋文化建设。知名文学刊物关注度高,而国内许多知名杂志都非常关注大赛情况;同时大赛还会邀请国内许多文学期刊主编担任历届大赛的评委和颁奖嘉宾,包括《诗刊》《中国作家》《人民文学》《诗选刊》《散文》《散文百家》《天津文学》《上海文学》《山东文学》《福建文学》《安徽文学》《扬子江诗刊》《延河》《清明》等。另外,大赛还会邀请获奖作家代表参加颁奖典礼和采风活动。11届大赛累计邀请了400多位全国各地的作家来到岱山,让他们在美丽的蓬莱仙岛找寻灵感,找到知音,留下美妙而深刻的记忆。

四　"岱山杯"全国海洋文学大赛带来的启发与思考

(一)旨向:与海洋世纪共成长

岱山是传说中的海上三山(蓬莱、瀛洲、方丈)之一的蓬莱仙岛,秦始皇曾派徐福登陆此地寻找长生不老之药,至今这里还留有许多遗迹。自古以来,在追求自我生存和发展中,作为海岛县,岱山与潮汐相伴共生共荣,而海洋在其中始终扮演着重要的角色,在此过程中也孕育了独具魅力的海洋文化。开放、包容、和谐,无疑是这个时代海洋精神的应有之意。所谓文化如水,其感召力如水一般,在无声无息中滋润人心。在这个日渐注重海洋发展的时代,从海洋中找准发展的脉搏，就要既注重物质层面，也注重精神层面，两者缺一不可。

时代在发展，文明在交融。开发海洋的步伐方兴未艾，发展和繁荣海洋文学也逐渐成为文学界、文化界关注的热点之一。建设成为海洋经济强国，建设成为海洋文化大国，这是我们中华民族生生不息的"中国梦"，也是岱山人民的梦想。正是从这样的文化高度、文化自觉和文化自信出发，2010 年，岱山县作家协会主动向县委、县政府提议：举办"岱山杯"全国海洋文学大赛。这一提议得到了相关领导的高度认同与大力支持。经过精心谋划，于当年 10 月启动了首届"岱山杯"全国海洋文学大赛的前期筹备工作。

海洋文学大赛鲜明、独特的主题，同样得到了中国散文学会的首肯。从第一届起，中国散文学会就一直作为学术指导和合作主办单位参与其中。11 年 11 届大赛，共吸引海内外 33200 余位作者参加。岱山具有悠久的海洋文化内涵，附带当下如火如荼的创新、开放、品质、幸福岱山建设，成为吸引作家、诗人观察、体味和热情书写的原动力。11 届大赛颁奖活动，还邀请了 400 多位获奖作家代表。他们从全国各地风尘仆仆赶来，走进偏远的海岛岱山，从中真切感受舟山的风土人情和海洋文化的独特魅力。很多参赛作家说："只有走进来，才会发现岛上有这么多的故事和文化内涵，它就像是一块藏在大海上的瑰宝。"

海洋文学创作就是人对海的认知，是一个精神探究过程。"岱山杯"全国海洋文学大赛催生了一批在国内有重大影响力的海洋文学作家；他们创作的海洋文学作品，还曾获得鲁迅文学奖等奖项。

十年磨一剑。"岱山杯"全国海洋文学大赛已成为在海内外有一定影响力的文学赛事；同时，大赛也成为岱山县海洋文化名县建设中一个独特的载体和文化品牌。正如浙江省作协党组书记臧军所言：岱山人口仅有 20 万人，却能抓住海洋特性，持续做好别处没有的文学品牌，并通过大赛使这一独特的文学品牌开花结果、落地生根。他

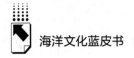

说，这是浙江省文艺界实施一县一品的生动实践。

时任国家海洋局宣传教育中心党委书记李航认为，在我国海洋文学发展的过程中，岱山县相当有担当精神。"岱山杯"，让海洋文学成为广大文学作者瞩目的焦点。大赛不仅成为岱山文化立县的一个品牌，随着不断地发展，它也会成为我国海洋文化建设的一颗明珠。

（二）内涵：彰显海洋特色

人类与海洋相互被发现，在彼此倾倒与双向互动过程中，主体与客体心有灵犀，互为知己。因此，海洋文学不仅是创作客体题材与地域的开拓，而且是创作主体思想境界与丰富内涵的提升。

在第五届"岱山杯"全国海洋文学大赛座谈会上，以写"海"闻名的著名作家邓刚直率地指出，一些海洋文学作品仅仅停留于对海洋的赞颂、感恩，而少了些对海洋的呵护、悲悯。在这次座谈会上，50多位作家向社会发出呼吁：海洋文学要有悲悯海洋、振兴海洋的情怀；作家要肩负起历史担当，努力达到思想性与艺术性的统一。

在第六届"岱山杯"全国海洋文学大赛颁奖仪式上，时任浙江省作协党组成员、秘书长的王益军提出，海洋文学是中华文学乃至世界文学的重要组成部分，海洋文学的创作和作家对心灵世界的探索是当前文学创作中不可或缺的一部分。岱山县举办的海洋文学赛事，为推进海港、海湾、海岛"三海联动"，服务"一带一路"，助推海洋经济发展创建了一个良好的文化交流平台。

"中国的海洋文学比较薄弱，岱山能坚持不懈地推进海洋文学事业，说明当地领导有眼光、有魄力、有胆识"。知名作家许晨说："海洋文学要担当起推动民族复兴、国家振兴的历史重任，反映国家海洋战略，唤起国民海洋意识。无疑，岱山的海洋文学大赛对实施海洋强国战略起到了积极作用。正因为岱山有一批热爱文学的人在努力，有地方政府的大力支持，才能有如今的成就。"

连续 11 届大赛的获奖作品，其题材和内容、内涵和主题、风格和文本都呈现出鲜明的个性特色，这充分说明了海洋文学的创作具有强大的开放度和包容性，是值得我们深入研究的一个文学和文化课题。为此，大赛主办方在每年大赛颁奖典礼活动期间，都会组织若干场有关海洋文学创作的研讨会和专题讲座。

"岱山杯"全国海洋文学大赛已成为一种地方文化符号，进一步厚植海洋文化的土壤。它吸引和招揽着更多作家、诗人进入这个海洋文学创作范围，并以他们的作品影响更多的读者。很多作家都对大赛予以高度评价，认为中国海洋文学正从东海岱山启航，走向全国。

"岱山海洋文学大赛在业内已具有相当的知名度，优秀海洋文学作品数量和质量一年比一年好。"已连续担任 11 届大赛评委的知名诗人、《文学港》主编荣荣说。

中国散文学会副会长马力在参加颁奖活动后发出如此感慨："岱山杯大赛，显示了岱山在文学上的坚持；东海之岛地理空间虽然小，但是文学气象却是大的。大海见证了天地的浩瀚，文学见证了心灵的浩瀚，所以说文学也是海。在文学之海中，岱山是一座精神的岛屿，一届又一届的参赛者带着自己的作品在这里着陆，又从这里出发，让岱山海洋文学之帆，飘向更远的海。"

（三）效应：助力岱山文旅经济发展

2011 年，首届"岱山杯"全国海洋文学大赛征文启事发出后，立刻就引起了全国各地作家的关注。这届大赛，共收到国内外 5600 余位作者的近万件投稿。在颁奖台上接过一等奖奖牌的作者是一位少将，他是吉林省军区副司令员贾凤山，这位出生于大山深处的军旅作家还是第一次见到舟山的大海。他在获奖感言中说："岱山山美、水美、人更美。"中国作家协会副主席谭谈在颁奖仪式上为中国散文学会海洋文学岱山创作基地揭牌。他说，岱山自古人杰地灵，文化氛围

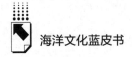

浓郁，随着海洋文学大赛的举办和创作基地落户岱山，能吸引更多的作家诗人来看岱山、写岱山，反映波澜壮阔的海洋生活。

在每次大赛的颁奖活动期间，主办方都会组织作家举行以海洋文化与海洋经济发展为主题的座谈会，为作家搭建一个开阔眼界、驰骋神思的平台。作家纷纷表示，岱山有丰富的海洋文学创作素材，海洋文学创作大有可为。创作需要体验、需要积累、更需要激情，岱山的海洋海岛环境为作家提供了一个广阔的创作平台，而海洋文学的发展势必会为岱山乃至舟山的旅济经济发展注入强劲的动力。每次大赛颁奖活动都会安排两天的作家采风，他们进海洋系列博物馆感受海洋风情，上磨心山顶品茗蓬莱仙芝，赴岱衢洋面感受东海渔趣。"雅则意境韵远，俗得海味生猛"。作家们领略着丰富的海岛风情，而岱山绚丽秀美的自然风光和海味十足的民俗文化，更是深深地吸引了他们。第一次来岱山的著名作家、中国作家协会副主席叶辛在现场赋诗："瑰丽多姿岱山岛，蓬莱仙境有奇礁。万亩盐田盐堆垛，渔家风情终不老。"

"这是一个有特色、有个性的大赛，岱山在文人心中是个'很大'的地方，海洋文学大赛也是其他地方没有的"。中国散文学会副会长赵丽宏感慨，十年"岱山杯"，办得体面、下功夫、有水准，成为中国文学界一个独特、个性、纯粹的文学奖，讲述出了一个生命、自然、历史、文化的"海洋"。他认为，岱山已成为一座名副其实的"文学港"。

中国诗歌协会常务副会长刘向东说，全国各地的文学赛事很多，但能坚持 11 届的很少。大赛作品的质量总体不错，岱山海洋文学大赛已形成了自己的品牌，对宣传岱山起到了不可替代的作用。"以前有文化搭台、经济唱戏的说法，现在是文化搭台、文化产业唱戏"。他说，以前很多人只在课本上读到过舟山渔场，不知道舟山岱山，通过文学大赛，很多人来到岱山，有感受有认识有发现，为岱山增加了文化积淀，带动了岱山的全面发展。

文学大赛为岱山带来的影响和促进，最直观的反映还是在岱山的文旅事业方面。岱山县旅游行业协会会长胡德从事旅游业 40 年。"文人墨客对岱山旅游促进蛮大"。他说，"这十年明显感觉到岱山的客源地在拓展，自驾游越来越多了。"有数据显示，10 年前，每年来岱山旅游的人次为 230 万，而 2020 年岱山接待游客近 750 万人次。

岱山，是舟山群岛的一个缩影；千岛之城，也是美丽中国的一个窗口。感受着缩影里的变迁和精彩，观看着窗口里的美好和奇迹，作家诗人的心如何不沉醉，思绪怎能不激荡？在 11 届大赛征文的基础上，岱山县已连续选编出版了获奖征文和采风作品集《文心岱山》《写意岱山》《岱山读海》《水墨岱山》《此刻，在岱山》《岱山记》《岱山笔记》等 10 部。很多作家把获奖作品推介到《人民日报》《人民文学》《诗刊》等名刊发表。每届大赛颁奖活动后，《文艺报》《中国海洋报》《浙江日报》《钱江晚报》以及人民网、凤凰资讯、网易新闻等数十家媒体都会报道大赛活动的消息，这对于宣传推介岱山，促进岱山旅游、文化与地方经济的发展，都起到了积极的作用。

已连续举办的 11 届"岱山杯"全国海洋文学大赛，是挖掘岱山海洋文化、提炼精神内涵的一个有效载体，这一景象，是新时期海洋文学园地锦绣灿烂的生动体现。用文学的力量助推"四个岱山"建设形成了岱山海洋文化发展大潮中风生水起的壮丽背景。

（四）瞻望：海洋文学未来可期

综观中国古代和近现代文学作品，有山水田园文学、边塞文学等，却很少见到海洋题材的大家名作。与中国浩如烟海的优秀典籍比起来，真正的海洋文学作品在数量上好似沧海一粟，太过稀少；在内容上，它们或者以海洋为背景讲述奇闻逸事，或者对海洋进行一些景物描写，缺乏真正具有海洋特质、历史内涵和艺术穿透力的大作品。

而在西方文学史上，一大批作家与诗人则有着很深的海洋情结，留下了大量的优秀海洋文学作品，如中国读者熟悉的普希金的《致大海》、海明威的《老人与海》、笛福的《鲁滨孙漂流记》、儒勒·凡尔纳的《海底两万里》、安徒生的《海的女儿》等，这些文学大师与他们的作品让人仰之，又让人心旌之、标杆之。

随着建设海洋强国的目标确立，呼唤海洋文学繁荣发展便成了新时代的必然要求。"岱山杯"全国海洋文学大赛的成功举办带给我们不少的启示：要从海洋强国之略的角度树立文化的高度自觉和文化自信，打造具有全国影响力的海洋文学大赛。

经过11年的努力，"岱山杯"这个品牌已产生广泛影响。要想将这个品牌做得更好，就必须结合本地文化、地域文化、海洋文化，对其进行深入挖掘。因此，以后策划的全国海洋文学大赛，起点立意一定要再高些，在连续11届大赛活动的基础上一定要有所提升。近些年来，海洋生物的减少、海洋环境的污染、海岛资源的破坏关系到人类的自我生存和发展，这些现象我们不能漠视，都需要作家去关注、去呼吁。因此，中国的海洋文学不只要颂扬海洋、感恩海洋，更要担当起推动民族复兴、国家振兴的历史重任，反映国家的海洋战略，唤起国民的海洋意识，引起更多对海洋保护的反思。

今后的"岱山杯"全国海洋文学大赛除了文学作品征集外，还可以更多地以"海洋强国"视域下的海洋文学与文化为议题，围绕海洋文学类与范式以及海洋、记忆、历史与文化之关系等展开学术交流和研讨，力求使这个独特的海洋文学大赛能真正办出特色、办出水平，并力争将此品牌打造成精品。联合省内及山东、江苏、福建等沿海地区的文联作协，共同开展沿海采风调研活动。携手沿海地区，整合各地资源，开展更大规模的海洋文学创作及作品展示活动，形成规模效应，促进社会各界对海洋及海洋文学的重视，推动海洋经济和海洋文学的发展。

B.7
滨海特色民居胶东海草房的
现状与保护建议

刘洪滨*

摘　要： 海草房是胶东滨海地区的特色民居，其起源可以追溯到新石器时代。由于与当地的自然环境、生态资源和生产生活相适应，直到20世纪五六十年代，在胶东半岛的海岸线上仍分布着数量众多的海草房村落。胶东海草房传统村落展示了自然生态基因，凝聚了胶东人民长达千年的历史记忆，是一笔珍贵的文化遗产。20世纪80年代以后，海草床生态遭到严重破坏，苫房海草资源匮乏。同时村民生活居住观念发生变化，许多海草房被遗弃，部分海草房传统村落消失，保护这一宝贵的文化遗产已刻不容缓。本报告建议，将海草床生态恢复、海草房的保护纳入国家自然资源、文化旅游主管部门的法制管理；建立高层次的胶东海草房研究平台，尽快立项，产出一批高质量的研究成果；开展大叶藻海草床的生态修复，强化碳汇，满足海草房对资源的需求；建立具有保护与

---

* 刘洪滨，青岛太平洋学会会长、中国海洋大学海洋发展研究院教授。曾获得中英友好奖学金、英国皇家学会研究基金、美国 Woods Hole 海洋所研究基金，赴英美多所大学、研究机构从事海洋经济、海洋政策研究。著有 *Chinese Ocean Development and Management*（1995）、《海洋保护区——概念与应用》（2007）、《中国海洋经济发展现状与前景研究》（2018）等。研究方向为构造地质、海洋经济。

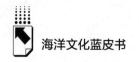

传承功能的海草房生态博物馆、传统民俗村落，在条件成熟时积极申报世界文化遗产。

关键词： 海草房 大叶藻 滨海特色民居 文化遗产 胶东

前 言

海草房在新石器时代即有雏形，经过秦汉唐宋的发展，于元明清时期成熟起来。

在荣成宁津镇涝滩村发现的元至正二年（1342）的梁木，迄今已有 680 年的历史。巍巍村出土的石碑，上有元朝大德年间迁入的记述，至今已有 700 多年的历史。宁津所村至今还保留着明代的屯田军户海草房一条街，印证了其历史的久远和厚重。荣成港西镇巍巍村有 20 多幢 200 多年的海草房，莱州 200 多年的海草房也有多栋。现存的海草房大多有百年以上的历史，由于一栋房子住过几代人，因此特别是对于老人来说，他们对冬暖夏凉的海草房有着难以割舍的情结。

邮电部在 1986 年曾发行过以国内各地特色民居为主题的邮票。在山东民居的邮票上（见图 1），展示了特色鲜明的屋舍：在与砖石混合或石块垒起的墙体相连的高高隆起的屋脊上覆盖的是厚厚的海草屋顶，这就是胶东特色民居——海草房（见图 2）。

海草房用晒干的大叶藻，俗称海带或海苔苫成屋顶。海草浅褐色中带着灰白色调，古朴中透着深沉的气质。在胶东半岛沿岸，曾有大量这样的民居村落，在当地俗称"海草房""海带房"（莱州）或"海苔房"（荣成）。为便于阅读，本文统一称之为海草房。

海草房作为胶东滨海地区独具特色的生态建筑，有着上千年的历史，曾广泛分布于烟台、威海、青岛等地区。城镇化的快速发展，越

图1　邮电部在1986年发行的山东民居邮票

图2　胶东海草房（摄于荣成东楮岛村）

来越多的现代建筑"入驻"乡村，导致现代文明与传统生活出现差异，越来越多的海草房被瓦房、楼房替代，尤其是烟台、青岛等地区的海草房破坏得更为严重，① 并成为不可逆转的趋势。调查表明，目

———————————

① 刘志刚、燕双鹰：《胶东海草房：正在消失的海边童话》，《中国国家地理》2012年11月。

前荣成、莱州两市的海草房保存得较多、较好。海草房分布范围的局限和苫盖材料等因素的限制，导致海草房传统村逐渐衰落破败。虽然荣成部分村庄的海草房已被设立为省级文物保护单位，但没有受到大面积有效的保护。海草房研究、管理工作的滞后使这一特殊文化遗产的保护变得相当被动。发掘这类传统村落的价值、保护好珍贵遗产成为当务之急。所幸的是，许多专家、学者多年来关注海草房的保护利用，发出各种保护的声音，引起地方政府的重视。一批海洋科学家从生态的角度研究海草床的修复，并取得了可喜的成果，这无疑在保护生态的同时将为海草房的恢复提供更多的苫盖资源。2021年深秋，胶东海草房保护利用沙龙在荣成东楮岛村举办，笔者在活动上提出了成立研究会的建议。目前，各方在积极商讨，争取尽早有一个好的开端。

一 胶东海草房的分布

海草房作为胶东沿海地区的特色民居，其历史可以追溯到新石器时代。据考证，在长岛黑山北庄遗址发现的条件简陋的海草窝棚，即是海草房的雏形。虽然学界对此论断存有争议，[①] 但海草房从秦汉开始，有千年以上的历史是毋庸置疑的。南北朝、唐宋元时代渔业和盐业的发展，吸引了大量的渔民和盐工来到胶东半岛，海草房也因此发展起来。随着生产力的不断提升，建筑工艺也得以不断完善，滨海地区的海草房数量与规模不断扩大，逐渐由单体建筑发展成为村落集群。[②] 根据《荣成县志》记载，明清时期出现了大规模的移民，同时为保护胶东沿海地区的安全，防止外敌入侵，大量军事防御村落形成；

---

① 王潇洁：《胶东海草房及其建筑技艺的历史考证》，《陶瓷》2021年第12期。
② 隋铭豪、肖胜和：《山东荣成市特色民居海草房的时代价值发掘探析》，《桂林理工大学学报》，2021年10月29日网络首发。

而海草房则成为这些群体住宅建筑的首选。元、明、清成为海草房的鼎盛时期。

海草房以砖石为墙，海草为顶，冬暖夏凉，百年不腐。这样的海草房，在胶东最具特色，已有一千多年的历史，是原生态的海味民居。荣成港西镇巍巍村保存有20多幢200多年的海草房，宁津所镇保留着明代的海草房屯田军户一条街，[①] 莱州200~300年历史的老海草房也比比皆是。历经无数风雨、长满青苔的海草房，印证了其历史的久远。

新中国成立后，海草房作为一种地域性建筑，在胶东沿海地区仍然有着重要的地位，直到20世纪60~70年代还有广泛分布，90年代作为山东民居的唯一代表入选邮电部发行的"中国民居"系列邮票。2006年，海草房的建造工艺被纳入山东省非遗名录，并在全国第三次文物普查中被列为"十二大新发现"之一。随着人们生活水平的不断提高，居民在建造新房时，更愿选择造价便宜、易于施工的砖瓦房、铁皮房。灰色屋顶的海草房被红色屋顶的铁皮房和砖瓦房取代，海草覆盖屋顶的特色在慢慢消失（见图3）。海草房集聚的传统村落出现老龄化、空心化现象，面临着废弃甚至灭失的危机。

图3 海草房被红瓦房取代（航拍于荣成烟墩角村）

① 刘志刚、燕双鹰：《胶东海草房：正在消失的海边童话》，《中国国家地理》2012年11月。

海草房是胶东半岛沿海特有的民居形式，是世界上具有代表性的生态民居之一，曾经广泛分布在威海、烟台、青岛的沿海渔村。① 由于多种原因，现在大多数已经消失。2003 年，威海市文化和建设部门开展联合调查，在环翠、荣成、文登、乳山的 23 个乡镇、600 多个村落中发现了海草房，其中保存较好的是荣成市。2006 年，荣成市对 12 个街道、10 个镇的海草房进行专项普查，发现海草房民居23416 户、95714 间，分布在 317 个自然村落中。

图 4　百年老屋海草房（三合院）（摄于荣成东楮岛村）

2020 年，威海市文化与旅游局对全市的文化遗产保护项目进行梳理，选出荣成市 7 处列为省级文物保护的海草房，它们主要分布在俚岛镇、宁津街道、港西镇，其中港西镇巍巍村现存的海草房最为古老，可追溯到明朝；东楮岛村有 650 间海草房，最早的建于清顺治年间，有 300 多年的历史，百年以上的海草房有 442 间。这些都成为荣成市海草房发展的见证（见图 4）。② 2020~2022 年，我

---

① 隋铭豪、肖胜和：《山东荣成市特色民居海草房的时代价值发掘探析》，《桂林理工大学学报》，2021 年 10 月 29 日网络首发。
② 马金剑、高宜生、吕晓田：《胶东滨海地区海草房村落保护与利用策略研究》，《山东建筑大学学报》2019 年第 3 期。

们在莱州调查发现，海草房主要分布在海庙于家、海庙孙家、东西泗河村、东朱呆、西朱呆、朱旺、朱由等10余个村镇。因为没有确切的统计数据，我们采用无人机航拍进行估算，结果显示，现有海草房院落近千处，4000间左右。经调查访问得知，其中1/3的海草房处于空巢、自生自灭、无人问津的状态（见图5）。2020年我们在青岛调查时黄岛区尚存有的十几间较坚固的海草房在近期出现部分倒塌（见图6），目前仅剩鱼鸣嘴半岛最南端的4间在经营渔家乐（见图7）。随着海草房数量的不断减少，其保护和利用显得尤为紧迫。如何在保留海草房原有形态的基础上实现其文化、生态、旅游价值的最大化，是保护过程中的关键所在。

图5 无人居住的百年海草房（摄于青岛莱州海庙于家村）

二 建造海草房的原材料选择

海草房是胶东沿海地区的特色民居，采用干海草（主要是大叶藻）苫盖屋顶，以花岗岩、玄武岩石块为主砌筑墙体，石灰、黄泥

图 6　青岛市难得一见的百年海草房（摄于青岛黄岛区唐岛湾）

（左图：2020 年的状况；右图：2021 年的状况）

图 7　青岛市尚在使用的百年海草房（摄于青岛黄岛区鱼鸣嘴）

做黏结材料，屋顶苫得极厚且形状陡峭；斑驳而坚硬的砖石墙与之对应，渔村与大海交相辉映、海天一色。它的质朴粗犷给人以穿越时光，回归自然之感。

作者少年时期生活在莱州湾畔，海草房在那里俗称海带房，20世纪 50~60 年代在渔村、滨海农村的保有率很高。因它比麦草房、山草房甚至芦苇房寿命都长，且有冬暖夏凉的特点，因此很受欢迎。那时，家有一座高大的海草房三合院、四合院，是生活殷实富裕的标志。20世纪70年代前，春秋季大风浪将海草冲到岸边，堆积成山。人们把海草拖上岸，晒干备用（见图8）。鲜海草呈绿色，干后呈褐色、银白色，轻薄柔软。因含有大量的盐卤和胶质，干海草表面呈现出圆点状的银白色"银屑"。海草有银屑者苫房最佳，更耐腐不烂。

图8 大风过后收集海草备用

图片来源：《山东荣成市天鹅湖大叶藻喜获丰收》，搜狐网，2017年12月22日，https：//www.sohu.com/a/212023157_99932605。

在胶东沿海地区，20世纪70年代前，海草是民间造房的常用材料，技术工艺已经成熟。作为一种地域特色鲜明的民居类型，海草房的产生、存在、发展是融合了乡土自然地理、气候，与人们生产、生活方式共同作用的结果，经得起历史的检验。

三 苫房海草（大叶藻）的生态习性和生态价值

苫房海草俗名海带，学名大叶藻。实际上它属于被子植物，不是藻类，真正的名称应叫鳗草，但人们习惯称之为大叶藻，难以改口，因此本文沿用大叶藻或海草的称呼。海草与海藻是有区别的（见图9）。海草广泛分布于温带和热带海岸线，生长在咸水和半咸水区。由于依赖光合作用，海草常出现在浅海，通常沿着缓缓倾斜的岸线生长，形成海草床。海草生活在水下 1~5 米深处，最深的可达 60 米左右。①

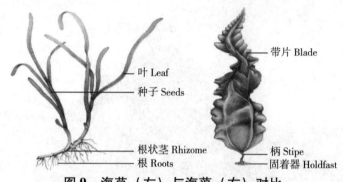

叶 Leaf
种子 Seeds
根状茎 Rhizome
根 Roots

带片 Blade
柄 Stipe
固着器 Holdfast

图 9 海草（左）与海藻（右）对比

图片来源：刘乐彬、林小舒、李玉强《重新认识"海洋之肺"！"三大海洋生态系统"之一：海草床》，海洋知圈搜狐号，2020 年 10 月 14 日，https：//www.sohu.com/a/424718947_726570。

海草是通过光合作用获得自身生长所需能量的初级生产者，因而其分布限于近岸浅水，在河口、海湾、浅海生长。在海中，海草像韭菜一样生长，高约 1 米，有根茎，随波摇曳，形成大面积海草床（见图10），鱼虾游弋其间。海草是大海里重要的生态屏障。海草床覆盖了 0.2% 的海底面积，却存储了全球每年 10% 的海洋碳，是极其重要的"蓝色碳汇"。②

---

① 刘乐彬、林小舒、李玉强：《重新认识"海洋之肺"！"三大海洋生态系统"之一：海草床》，海洋知圈搜狐号，2020 年 10 月 14 日，https：//www.sohu.com/a/424718947_726570。

② 刘乐彬、林小舒、李玉强：《重新认识"海洋之肺"！"三大海洋生态系统"之一：海草床》，海洋知圈搜狐号，2020 年 10 月 14 日，https：//www.sohu.com/a/424718947_726570。

图10 繁茂的海草床（左）及退化的海草床（右）

图片来源：《荣成天鹅自然保护区首次进行海草床规模化生态修复》，烟墩角旅游网，2017 年 9 月 17 日，http：//www. tianecun. cn/news/show_ 544. html。

海草对于水质的要求很高，其中海水的透明度是影响海草生长的重要因素。海草床的健康状况可以反映当地的污染程度，海草也因此被称为"生态哨兵"。除了固碳和水质指示外，海草床还具有缓解海水酸化、防止土壤侵蚀的生态功能，并有成为公民环保教育基地、生态旅游区的潜力。

海草的年初级生产力约为 500~1000 克碳/米^2，是珊瑚礁生态系统的 3 倍。因为生产力高，腐殖质特别多，海草床还是底栖生物的乐园。[①] 这一特点使海草得以支持很高的生物多样性，为上千物种提供食物和栖息地。它既是重要的渔业育苗生境，也是众多鱼类、贝类和大型海洋生物，如绿海龟、儒艮的觅食地和庇护所，其生态价值不容小觑。[②]

---

① 刘乐彬、林小舒、李玉强：《重新认识"海洋之肺"！"三大海洋生态系统"之一：海草床》，海洋知圈搜狐号，2020 年 10 月 14 日，https：//www. sohu. com/a/424718947_ 726570。

② 陈治军、孔凡娜：《大叶藻（Zostera marina L.）生态学研究进展》，《科技咨询》2013 年第 16 期。

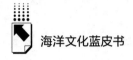

1. 海草床的衰退

中国的海草分布共分为两个大区：南海区和黄渤海区。前者包括海南至福建的沿海地区，后者包括山东、河北、天津和辽宁沿海。黄渤海分布区中，海草扛起优势种大旗。曹妃甸在 2015 年发现的大面积海草床几乎全部由海草构成，但现在已经严重退化。[①] 威海海域的海草床在过去的 20 年间面积减少了 90%。而在青岛近海，如汇泉湾、大麦岛海域，20 世纪 90 年代在近岸水下 1～2 米随处可见的海草床，目前也只能在水下 3～5 米处发现，且已遭破坏，形不成资源。如此大面积的生态系统消失，令人唏嘘。

2. 海草床衰退的原因

一是近海养殖大型藻类和鱼虾蟹贝等直接占用了海草的生存空间，遮蔽了海草生长所需的光源；在海草床破坏性地采捕贝类，不仅给生物多样性带来压力，还给海草床的生存带来毁灭性打击。二是沿海地区的港口码头、工业园区建设和大规模围填海严重压缩了海草床的生存空间。三是来自陆上的污染以及沿海地区的城镇化、工程活动导致近海水质变差、透明度降低。海草对水质的变化十分敏感，这种水质变化严重影响了海草的生长。

3. 海草床的修复、保护

人工增殖是挽救海草床免于消失的手段之一。由于海草既能通过有性种子生殖，也能通过无性根茎繁殖，因此海草的人工增殖方式也主要有两种——播种法和移植法。播种法对海草床的生境破坏较小，但存在种子收集难、成苗率低等问题，所以目前最常见的海草床修复采用的还是移植法，就是将海草以草皮、草块或根状茎为单位移植到需要修复的海草床位置。与播种法相比，移植法存在成本高、对原生

---

① 刘慧、黄小平、王元磊等：《渤海曹妃甸新发现的海草床及其生态特征》，《生态学杂志》2016 年第 7 期。

海草床有破坏作用等问题。

人工增殖毕竟只是权宜之计，要想从根本上保护海草床，需要控制造成其衰退的根本原因——人类活动。这包括养殖、过度挖捕、围填海和水体污染等方面。近年来，对海草床的修复与保护工作已初步展开。中国科学院海洋研究所、中国海洋大学、中国水产科学院黄海水产研究所等单位分别在胶州湾、长岛、荣成桑沟湾、曹妃甸展开了海草床生态修复的研究，取得了良好的效果。得益于近年来的研究成果，海草床生态问题被写入《全国重要生态系统保护和修复重大工程总体规划（2021—2035年）》，提出"全面保护自然岸线，严格控制过度捕捞等人为威胁，重点推动入海河口、海湾、滨海湿地与红树林、珊瑚礁、海草床等多种典型海洋生态类型的系统保护和修复"。[1]

四 海草房的苫房工艺

儿时邻居盖海草房时看热闹，长大后才知道，海草房的修建工艺比较复杂。从打地基开始，海草房的修建要经过垒墙、上梁、苫房、封顶等70多道工序，需要瓦匠、木匠、石匠、苫匠协调配合。建海草房最重要的工序就是屋顶苫海草，俗称"苫房"。苫房是用海草从下往上一层压一层地苫（压）好。在苫房之前需要将晒干的不同种类的海草和麦秸理顺，尽可能地使海草的排列朝向一致，将其捆扎好，按照檐头、苫房坡、封顶、淋水拍平、剪檐的顺序，由苫匠将海草和麦秸一层层交叠加在房顶之上（见图11）。苫房坡时将海草与麦秸均匀捆紧，相互压实，不断加厚。为预防台风侵袭，苫完房顶后在海草房的屋脊上还要加盖一层以海草、石灰或黄泥混合而成的黏合剂，这道工

---

① 刘慧、黄小平、王元磊等：《渤海曹妃甸新发现的海草床及其生态特征》，《生态学杂志》2016年第7期。

序俗称"压脊"。苫盖完成的屋脊高度可达2米以上，最厚可达4米。

　　苫盖海草房很有学问，海草房的好坏、使用寿命取决于房顶苫得是否严密。为此，人们一般都请具有丰富经验的"苫匠"建造海草房。由于劳动强度较大，还要有技术，市场又小，现在的年轻人不愿意干这个行当，技艺濒于失传。

图11　濒于失传的工艺——苫盖海草房

图片来源：刘志刚、燕双鹰《胶东海草房：正在消失的海边童话》，《中国国家地理》2012年11月。

五　海草房的院落及造型

　　海草房的空间构成与胶东半岛的地理位置、气候条件以及当地居民的经济条件和生活习惯等密不可分，与海边居民自古至今保持的"农渔兼备"的生产生活方式充分契合，"海洋文化"特征非常显著。[①]

　　胶东沿海地区以丘陵为主，人多地少，海草房通常是相邻的两家共用一面山墙，这样不仅减少了占地，也降低了建筑成本。海草房建

────────────

① 张晋浩、王学勇：《海草房特色民居的保护与更新》，《山东农业大学学报》（自然科学版）2017年第1期。

筑形式分为一合院、二合院、三合院和四合院 4 种形式（见图 12），常见的是以三合院组成围合式居住单元。三合院由北侧的正房、东西两侧的厢房和南侧的院墙及门楼组成；四合院与三合院大体相同，只是多了南屋。四合院相较于其他形式的院落多出的南面的倒座房，通常被当作客房或仓库使用，闲时放置渔民的捕鱼用具、农具等。南墙大门处多设置门楼，以海草盖顶，以松木为柱，既美观，又为村民提供了一个遮挡雨雪的室外空间。①

　　海草房的布局与胶东的气候、地势以及民俗、生活习惯密切相关。由于北方冬季寒冷，荣成多丘陵，因此房屋选择在阳坡、面海、地形较平坦的地方建造。由于空间紧张，因此村落中街道较窄，房屋密度较大，院落狭小。而莱州湾畔地势平坦，因而莱州的海草房相对高大，院落街道都要相对宽敞些。

图 12　荣成东楮岛村三合院海草房（左）和莱州海庙于家村的
四合院海草房（右）（作者　摄）

　　海草房的墙面一般都用天然石块或砖石混合砌成，显得朴素大方。灰褐色的海草苫成高角度的三角形屋顶，高耸的海草房顶，配以

---

① 杨俊：《地域性民居材料的选择与应用——以胶东半岛生态民居海草房为例》，《建筑学报》2011 年第 S2 期。

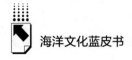

泥灰压顶的马鞍式屋脊，可以快速地将雨水或雪水排走。海草房的院落符合胶东地域特点，造型色彩传递着美的信息。

六　海草房的自然生态及节能特性

自然条件及自然要素对村落规划和人类聚居环境建设具有重要影响。时至今天，气候环境仍是影响各地区空间结构、布局、人的生活方式乃至建筑材料选择的重要因素。一般来讲，气候因素广泛影响到城镇村落建设的各个方面，小到门窗尺寸、屋顶坡度和建筑风格，大到建筑间距和群体组织，都与当地的气候有密切的关系，甚至受到决定性影响。从胶东沿海村落整体空间形态和布局的特色看，自然生态条件就在其中起着极其重要的影响和作用。[①]

海草房以石为墙、海草为顶，百年不腐，被认为是最具胶东特色的住宅，其特点在于其居住的舒适度，也就是人们常说的冬暖夏凉。达到这样的效果与其使用的材料、结构的特性密不可分。

1. 海草材料耐火抗老化

胶东半岛与丹麦兰依索岛的海草房皆是以当地盛产的大叶藻（Zostera marina L）和矮大叶藻（zostera noltii L.）为材料，并以大叶藻为主。这类海草广布于北半球沿海。海洋环境使海草在生长和代谢过程中，产生并积累了大量具有特殊化学结构和生理活性的物质，这些物质已成为生物医药界开发新型抗菌物质的重要资源。荷兰考古学家 Wouter van der Meer 提到，18 世纪的荷兰也出现过使用海草做屋面的房子，因为具有耐火和耐老化的特性，他称这种房子几乎不可能毁坏。与之前的研究结果一样，他也将海草房抗老化的特性归因于海草

---

① 李泉涛、韩勇：《探析胶东海草民居的自然生态模式》，《工业建筑》2012 年第 4 期。

叶子中能有效抑制有机微生物活动的 Zosteric acid 成分。①

2. 海草纤维的胶质成分与高强度提高了屋面的整体性

海草在用于苫盖前需要用水浸润，这与一般草屋的苫盖要求非常不同，茅草、稻草、芦苇等在用于苫盖前一定要进行干燥处理以防腐烂。与陆地植物相比，大叶藻纤维中含有较高的胶质成分。在拉伸测试中，大叶藻纤维也显示出良好的力学特征，可以被看作一种高强度低密度的纤维组合。作为屋面材料，大叶藻纤维含有的大量胶质及较好的力学强度，增加了屋面材料的结合力和韧性，从而提高了整个屋面的整体性。海草房的屋面也因此可以做到近 60° 的坡度，苫盖层达 2 米甚至更厚也不会脱落。材料生物特性与物理特性的有效发挥，使海草房拥有了与一般草房不同的形式与优良性能。② 胶东半岛常年受季风影响，而苫制成的海草房屋顶具有极高的整体性，不存在被风掀覆的危险，即使局部遭到破坏也不会对建筑整体造成伤害。

3. 海草房的特性

第一，海草房具有不霉不烂的生态特性。建造房屋的海草生长在浅海，自身含有丰富的卤胶质体，用其制作而成的草顶有防虫蛀、防霉烂、不易燃等特点。另外，相比瓦房，海草房还具有居住舒适、百年不毁的优点。实验证明，海草的耐久性可达 40~50 年，换言之，海草房 40~50 年才需要修缮一次，而瓦房虽然建造周期较短，但是使用时造成的损耗也较大，通常 20 年就需维修一次。就建筑材料而言，瓦房在建造过程中会产生大量的建筑垃圾，而建造海草房主要用的海草，既可以作为建筑辅料，丢弃后还可以被有机降解。海草房三角形高脊陡坡屋顶结构，便于快速排除雨水，避免了海草的腐烂，延

---

① 杨俊、钱玉莲：《海草材料性能分析及应用研究》，《新型建筑材料》2019 年第 4 期。

② 杨俊、钱玉莲：《海草材料性能分析及应用研究》，《新型建筑材料》2019 年第 4 期。

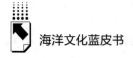

长了海草房的寿命。

第二，海草房具有保温节能的特点。胶东半岛地区夏季潮湿多雨，冬季寒冷多雪，在这样的气候环境下，沿海居民要考虑冬季的保暖避寒、夏季的避雨防晒，于是富有智慧的先民就地取材，将海草晒干后苫盖屋顶，并以热稳定性优良的花岗岩砌厚石墙，从而形成了很好的保温隔热功能。夏日，花岗岩墙体和草顶阻隔了热辐射的渗入，有效减少了传到室内的热量，夜间墙体和屋顶储存的热量被海陆风带走，保证了室内温度的稳定；冬季，厚实的材料在白天充分吸收太阳光照的热量，夜晚则有效阻隔室内热量的散失，从而形成了其冬暖夏凉的宜居环境。海草做房顶是最有原生态和海味的胶东半岛民居特征，厚厚的屋顶加上敦厚的墙体，起到了良好的隔热保温作用。因此，传统的海草房冬暖夏凉。

第三，海草房院落布局的气候特征。院落布局是海草房冬暖夏凉的又一原因。现存的海草房中，其院落跨度仅为正房面宽的1/3，而两厢房的间距通常也仅有3~4米，这也就是海草房院落狭小的原因。夏季的7~8月，胶东半岛地区的平均气温在23摄氏度以上，湿度达80%，是一年中最湿热的季节。在院内种下2~3棵落叶乔木，夏季时，枝繁叶茂的树木能够遮蔽狭窄的院落，形成阻隔阳光直射的"阴院"，使院内温度保持相对低温，利用气压差，促进空气流通，带来凉风的同时也带走湿气，起到除湿散热的功效，调节院落内的微气候。冬季，大风是当地一个主要的气候特征，8级以上的大风日数年平均为30天，最多为54天，狭小的院落又起到了阻挡冷风的作用。①

20世纪80年代以来，社会经济、城镇化快速发展，胶东沿海民居发生了很大的变化，海草房不断被砖瓦房替代，还有一部分因为无

---

① 李泉涛、韩勇：《探析胶东海草民居的自然生态模式》，《工业建筑》2012年第4期。

人居住，失去修缮管理而变得破败不堪，甚至倒塌，使这种具有历史文化特色的民居越来越少。

至20世纪50~60年代，海草房数量、保有率达到顶峰，其后逐渐衰落，究其原因大致有以下几个方面。

（1）大叶藻枯竭，建筑材料匮乏。受环境和人为因素的影响，近海养殖、围填海、海洋工程的增多，海草床破坏严重，苫房海草资源严重短缺。现在大风后的海滩上虽能看到少量海草，但形不成资源。苫海草房的原料大叶藻逐渐枯竭，巧妇难为无米之炊，海草房的修建、维护因此受到极大影响。

（2）人们消费观念变化，海草房的建筑结构不能满足现代需求。古老海草房受建筑材料的影响，跨度小、窗户小，室内狭窄、采光不好，空气流通差，因此逐步被宽敞明亮、通风好的瓦房取代。进入20世纪90年代，人们的生活水平提高，生活观念改变，海草房被弃之不用。年久失修成为残垣断壁、逐渐倒塌，慢慢退出历史舞台。

（3）观念、认识不到位。对宝贵历史文化遗产的认识、重视不够。尽管有很多有识之士呼吁保护，但干部、群众的认识不到位，部分地区任其自生自灭，近40年来海草房数量快速衰减。

（4）法规、政策、资金缺失。适当的法规、政策和配套的资金落实不了，保护成为空谈。沿海各地对海草房的认识、保护政策等方面的差距较大，结果就大不相同。威海荣成的海草房保护利用较好，形成社会、经济、生态三丰收。烟台莱州处于等待、无人管理的状态，海草房几乎没有开发利用，任其自生自灭。青岛由于留存很少，根本提不上议事日程，结果几近全军覆没。

七　国外海草房保护利用借鉴

世界大同，北欧丹麦一个名为莱斯的岛上，也有一个海草房的传奇之地。莱斯岛位于丹麦日德兰半岛北部，跟瑞典第二大城市哥德堡隔海相望，面积为118平方公里，拥有人口约2000人，很多欧洲人在夏天舟车劳顿来到这里，就是为了参观海草房。

中世纪的时候，该岛产盐，鼎盛时岛上有几百个盐窑，因此消耗了大量的木头，导致岛上的森林都被砍没了。岛上的居民找不到木材盖房子，于是他们用浮木（远处漂流到海滩的木头）做房屋架构，用海草铺屋顶。海草中盐分高，不会燃烧，海草和木材都浸没过海水，用它们建造成的房屋，不易腐烂。海草屋顶通常可以使用200年，有些已使用长达400年（见图13）。莱斯岛的海草房旅游，已经成为丹麦的特色旅游项目，走出了保护文化遗产和发展旅游的良好道路。① 游客非常喜欢这里，在这里买下昂贵的海草房用于夏季度假。

图13　丹麦莱斯岛古老的海草房

图片来源：鲁晓芙《海草房，从山东到丹麦》，2019年5月29日，https://zhuanlan.zhihu.com/p/67414295。

---

① 鲁晓芙：《海草房，从山东到丹麦》，2019年5月29日，https://zhuanlan.zhihu.com/p/67414295。

　　20世纪30年代，一种罕见的疾病袭击了莱斯岛上的海草养殖，海草死亡导致屋顶维护难以持续，岛上这种海草房屋顶逐步衰落。在18世纪后期，岛上曾有250个家庭和农场住海草房，现在只剩余19个。在丹麦中央政府和公益组织的支持下，莱斯岛开始保护这项珍贵的文化遗产。2009年，拯救莱斯岛"海草家园"文化遗产保护项目建立，莱斯岛的建筑专家、农民去收获和准备海草，创建了"海草银行"，储备海草，用于海草房的翻新。

　　北欧国家传统上流行草顶房屋，一般以芦苇为主。在冰岛、挪威，有以新鲜草皮做屋顶的住宅，同海草房具有类似的面貌（见图14）。草苫屋顶通常需要在一定年限内翻新。而所谓翻新，有时只是在旧苫草上覆盖一层新苫草，结果屋顶的厚度逐年增加，乃至厚达两米。在有些历史非常悠久的村舍，其屋顶基层所用的苫草，甚至是五六百年前铺上去的。①

图14　冰岛的草皮屋顶房

图片来源：鲁晓芙《海草房，从山东到丹麦》，2019年5月29日，https：//zhuanlan. zhihu. com/p/67414295。

---

① 鲁晓芙：《海草房，从山东到丹麦》，2019年5月29日，https：//zhuanlan. zhihu. com/p/67414295。

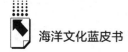

无独有偶，著名旅游地荷兰的羊角村，有"绿色威尼斯"之称（也有人称"荷兰威尼斯"）。当地房屋用芦苇做屋顶，非常漂亮，耐久实用（见图15）。游览羊角村最好的方式是乘坐平底扁舟沿运河穿越静谧的村落，除了欣赏美景外，船夫兼导游的介绍亦是一大特色。在环保和可持续发展观念深入人心的今天，海草房受到重视，我们的旅游目的地多了新的选择。

图15　荷兰羊角村的芦苇屋顶

图片来源：鲁晓芙《海草房，从山东到丹麦》，2019 年 5 月 29日，https://zhuanlan.zhihu.com/p/67414295。

英国中世纪以来，草顶村舍是乡村穷困生活的直观表象。村民的生活境况一旦获得改善，会迅速抛弃意味着"落后"的草苫屋顶。但现在局面则出现了翻转，他们将其视为田园风光的代表，草苫屋顶的地位提升了，身份也尊贵了（见图16）。"国宝级"的茅草屋，被作为一种文化和历史保存了下来，并且被列为受国家保护的历史文化遗产。工业文明以前，茅草屋在很多国家都非常普遍。直到 19 世纪初，茅草屋顶依然是大多数英国乡村唯一的屋顶风格。而现在的茅草屋只有富人才住得起，这不光是因为每一套茅草屋都售价不菲，还因为其维护成本的高昂。英国政府要求房主每隔几年就要翻新一次屋顶，普通人买得起草房也负担不起维护费用。而且，即使你拥有草房的所有权，也没权利改变房子的任何外观，只可以对其进行内部装修。位于英国白金汉郡的一个茅草屋售价惊人：房子不到40平方米，售价为40万英镑，是真正的豪宅，其原因就是这所房子有近千年的历史。

图16　英国乡间昂贵的草房（左）和拥有几百年历史的草房酒吧（右）

图片来源：鲁晓芙《海草房，从山东到丹麦》，2019年5月29日，https：//zhuanlan. zhihu. com/p/67414295。

八　福建、浙江沿海传统特色民居——石屋、石厝

在福建、浙江的海岛上，有一种奇特的房屋。它们以岛上产出的花岗岩、火山岩为主要原料，建成一座座低矮坚固的石屋，形成城堡一样的特色村落。在浙江，这种房屋叫石屋；在福建，则称之为石厝。据考证，这些村落已有300多年的历史。

石厝以福建平潭岛最为普及（见图17），在浙江洞头岛、温岭石塘半岛也有广泛分布。当地居民为抵御台风，就地取材用石头建房子；为防止大风吹跑瓦片，上面再以石块压覆。这种有效的方式流传下来，就形成了特殊的海岛民居建筑形式。

图 17　福建平潭岛北端青峰村中原汁原味的平潭石厝

《福建平潭岛最北端，感受沿海特有的石厝建筑风格》，https：//
baijiahao. baidu. com/s？id=16772212158952232225。

温岭县石塘镇是一个三面环海、一面靠山的古渔村，有着"石
屋之乡"的美誉，迄今已有 300 多年的历史。镇上分布着 2 万多间石
屋，且大多面朝大海①。在这里，游客可以住进以"仿石屋"为主题
的民宿。海港、渔村、石厝、风车、夕阳，共同形成美妙的体验。

2009 年，平潭综合试验区成立，当时笔者在前往调研时发现，
在新区建设过程中，大量石厝被拆除。因此，加强对石屋、石厝的保
护也是一项重要的工作。

九　海草房衰落的原因、存在的问题及建议

著名的文化人类学家、专门从事鱼捕文化研究的山东大学教授张
景芬曾经讲过，海草房是渔民生活的历史沉淀，渔民生活的历史就像
一部波澜壮阔的交响乐，有胜利与死亡，紧张与间歇，苦难与收获，
他们经历了同舟共济、服从权威、迎击风浪等诸种生活的历练，造就
了典型的鱼捕文化性格。而海草房即像这交响乐的休止符，以其质

---

① 田一川、宣建华：《石塘镇石屋形成与发展影响因素探析》，《建筑与文化》
2019 年第 12 期。

朴、静谧、温馨拥抱着渔家子弟的回归，寄托他们的情感，使他们积蓄力量，明天重新奔向汹涌的大海。

笔者年过古稀，少年时期在莱州湾畔度过，对坚固耐用、冬暖夏凉的海草房有着深厚的感情。工作和爱好使然，后半生有机会到访过许多国家、参观过不同民族的村寨民居，了解过许多不同民族的风俗民情。不论是面对印第安人、非洲黑人部落的茅屋草棚，还是欣赏挪威人漂亮的小木屋、威尔士人的草房豪宅，都使作者不由得想起远隔万里的故乡，想起家乡的海草房。那是生活极端困难时期遮风避雨的家，艰苦劳作后归宿的港湾。时隔60余年，笔者对海草房质朴的热爱和认识有了升华：它不仅是胶东地区特色的民居，也是我们国家、民族的瑰宝，是人类共同的宝贵文化遗产，应该得到妥善保护。

笔者认为，对海草房的保护利用可以从以下几个方面着手。

（1）搭建民间的（胶东半岛）海草房或沿海民居研究平台，如研究会或研究中心。将国内关心海草房的各方力量聚到一起，开展海草房文化历史、海草床生态修复、海草房保护利用方面的研究。

随着时代的发展，人民的生活方式也在发生改变，旅游业兴起，古老的海草房获得了新生。海草房的保护利用开始创新，焕发出了青春。例如，荣成烟墩角、东楮岛等村成立了旅游公司，对海草房扩容翻建、内部改造，打造成特色显著的民宿，受到游客的青睐和好评（见图18、19）。

如何让传统文化成为新式建筑的设计源泉，同时赋予海草房以新的生命力，有关部门努力做出尝试。荣成市的"北斗山庄""海韵海草房"民宿等是有关海草房继承和发展的良好案例（见图20），走在了时代的前列，取得了良好的社会、经济效果。相反，青岛黄岛区2020年尚存的十几间状态良好的海草房，2021年再去考察时已荡然无存。莱州十几个村庄现存的几千间海草房有近1/3闲置，居者也多

图18　海草房旅游一条街和民宿院落（摄于荣成东楮岛村）

图19　荣成海草房渔家乐及火炕（摄于荣成烟墩角村）

为老人。闲置的海草房基本处于无人过问、任其自生自灭的状态。海
草房新生带来的喜悦和灭失造成的遗憾交织在一起，难免令人叹息。

图20　"海韵"海草房民宿及客房

图片来源：荣成市海韵海草房网站，http：//www.whhaiyunhaicaofang.
cn/product/5/。

（2）从国家层面立项一批研究课题。就海草房各领域展开深入研究，尽快推出一批有影响力的学术研究成果，推出一批绘画、摄影、影视、剧作等文化艺术作品，扩大海草房在国内外的影响，提高其知名度，影响高层决策从而加强保护。

（3）将其纳入国家非物质遗产名录。将海草床的生态恢复纳入自然资源部、海草房保护利用纳入国家文物和旅游部门管理，使海草床资源恢复、海草房的利用保护健康发展。采取特殊政策，以传帮带的方式，培养苫盖海草房的民间匠人，以免技艺失传。使其进入国家文化遗产保护快车道，从法律层面予以保护。

（4）建设海草房民俗村、生态博物馆。以保护村落景观与文化内涵为重点，留住人类生存的历史记忆，再现"莱夷作牧""齐东鱼盐"生活场景。

（5）积极申报世界文化遗产。在国内做好工作的基础上，联合福建、浙江等地就石屋、石厝等进行研究、整合，在条件成熟时申报"中国沿海特色传统民居村落"世界文化遗产。

附　　录
Appendix

B.8
2021年海洋文化大事记

王佳宁　洪冷冷*

一　政策法规

1月26日，《三亚中央商务区关于加快邮轮产业发展的实施细则》《三亚中央商务区关于加快游艇产业发展的实施细则》正式印发，对新增入园的邮轮游艇产业链企业或机构的奖励、支持推广奖励均予以明确说明，为加快海南邮轮游艇产业的发展提供了有力支持。

4月8日消息，《厦门市国民经济和社会发展第十四个五年规划和二〇三五年远景目标纲要》正式印发。其中就"建设海洋强市"明确提出，要打造海洋科研教育创新高地。加强海洋优势学科建设，整合资源争取创办特色海洋大学。加大力度支持厦门南方海洋研究中

---

* 王佳宁、洪冷冷，福建省海洋文化研究中心。

心的建设，推动海洋科学与技术福建省实验室、海洋生物资源开发利用工程技术创新中心等的建设。推动国内外海洋类创新型科研机构的落户，打造国家南方海洋智库等。

4月15日，青岛市委海洋发展委员会办公室印发《经略海洋攻势2021年作战方案（3.0版）》，聚焦全球海洋中心城市建设。海洋文化被确定为要取得突破性进展的"六场硬仗"之一。

5月14日，福建省印发《加快建设"海上福建"推进海洋经济高质量发展三年行动方案（2021—2023年）》，将"打造国际滨海旅游目的地"作为重点任务，强调积极发展邮轮产业、建设休闲度假旅游岛、培育海洋旅游精品、加快发展休闲渔业。

5月17日，浙江省政府印发《浙江省海洋经济发展"十四五"规划》，提出要建设海洋非物质文化遗产馆、围垦文化博物馆等海洋文化设施，高水平打造一批海洋考古文化旅游目的地；全面建成中国最佳海岛旅游目的地、国际海鲜美食旅游目的地、中国海洋海岛旅游强省。

5月25日，青岛市文旅局、市教育局等六部门联合印发《关于推动海洋研学旅游高质量发展的指导意见》，依托青岛"山、海、湾、城、河、文"旅游资源禀赋，围绕"丰富拓展海洋研学旅游产品和课程体系，整合规划海洋研学旅游线路体系，推动海洋研学旅游服务体系和人才体系建设"三大重点任务，培育多业态、多元化、链条式研学旅游产业格局，持续提升青岛海洋研学旅游的吸引力和竞争力，打造海洋研学旅游目的地城市品牌。

6月8日，海南省自然资源和规划厅印发《海南省海洋经济发展"十四五"规划（2021—2025年）》。"十四五"时期，海南将抓住自由贸易港建设机遇，培育壮大附加值高、成长性强的海洋新兴产业，打造海洋旅游、现代海洋服务业等千亿级海洋产业集群，优化提升海洋旅游业、海洋航运业等传统优势产业。

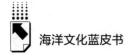

6月9日，深圳市人民政府公布《深圳市国民经济和社会发展第十四个五年规划和二〇三五年远景目标纲要》，其中设有"加快建设全球海洋中心城市"专节，提出建设高品质滨海亲水空间和深圳海洋博物馆、红树林博物馆等公共文化设施，加快深圳海洋大学等高校筹建工作，探索都市型高校建设新模式。

6月25日，广西壮族自治区钦州市印发《钦州市国民经济和社会发展第十四个五年规划和二〇三五年远景目标纲要》，明确提出"规划建设北部湾海洋大学"。

6月30日，天津市人民政府办公厅印发《天津市海洋经济发展"十四五"规划》。规划中提出要建设国家海洋文化交流先行区，依托国家海洋博物馆、航母主题公园等文化旅游设施，加强海洋文化与海洋意识的宣传普及，扩展与"一带一路"共建国家和地区就航海文化、海洋贸易文化、海洋文物遗产等海洋文化的交流合作，形成国家海洋文化与旅游深度融合发展的新高地。

7月18日，《广西海洋经济发展"十四五"规划》于近日正式出台。规划明确了"十四五"时期广西海洋经济发展的指导思想、目标任务和重大举措。北部湾滨海旅游度假区被列为建设重点之一，计划整合北部湾全域旅游资源，培育滨海旅游新业态，打造海洋旅游精品，构建特色滨海旅游产品体系。

8月10日，江苏省自然资源厅、江苏省发展和改革委员会联合印发《江苏省"十四五"海洋经济发展规划》。在"构建特色彰显的现代海洋产业体系"部分，明确提出通过精心发展海洋旅游业、有效提升航运服务业、大力发展海洋文化产业，"推进海洋服务业拓展升级"。

8月26日，厦门市人民政府办公厅发布《厦门市海洋经济发展"十四五"规划》。规划提出以建设国际特色海洋中心城市为目标，壮大海洋文化创意产业，推动全域旅游纵深发展和厦门国际滨海旅游名城建设；突出高颜值意识，打造国际海洋体育赛事中心，创建海洋文化交流品牌，建设高颜值的国际海洋生态之城。

9月14日，《天津市人民政府办公厅关于加快天津邮轮产业发展的意见》出台，提出将发展邮轮旅游、制造维修、用品采购供应、港口服务等全链条邮轮产业，加大对天津国际邮轮母港运营的支持力度，推动天津邮轮产业转型升级。

10月8日，广西壮族自治区人民政府办公厅印发《关于支持北海市建设国际滨海旅游度假胜地的意见》，高站位提出推进北海市建设世界级滨海旅游度假胜地，多措并举，全面支持北海市文化和旅游高质量发展。

10月26日，山东省人民政府办公厅印发《山东省"十四五"海洋经济发展规划》。根据该规划，山东将加快发展海洋文化旅游、涉海金融贸易等现代海洋服务业，推动海洋产业与数字经济融合发展。

11月15日，福建省人民政府办公厅印发《福建省"十四五"海洋强省建设专项规划》。海洋旅游、海洋文化创意被列入现代海洋产业体系的四大服务业之中。在沿海经济带布局中，泉州市将依托世界文化遗产"泉州：宋元中国的世界海洋商贸中心"，深入挖掘"海丝"文化内涵，建设21世纪海上丝绸之路核心区主要旅游城市。

12月8日，福建省交通运输厅正式印发《福建省国道G228线滨海风景道规划建设实施方案》，提出将加快国道G228线福建境内段建设，规划建设全长超过1000千米的滨海风景道。

12月14日，广东省人民政府办公厅印发《广东省海洋经济发展"十四五"规划》，提出打造海洋旅游产业集群，加快"海洋—海岛—海岸"旅游立体开发，形成产值超千亿元的海洋旅游产业集群，涵盖海岛旅游、滨海旅游、旅游景区和邮轮游艇。在海洋经济综合管理方面，着力提升海洋公共文化服务，增强海洋文化意识宣传教育、推进海洋文化设施建设、打造海洋文旅精品项目。

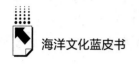

二　学术动态

3月1日，中国社会科学院海洋法治热点问题春季讨论会在京举行。本次会议由中国社会科学院国际法研究所主办，中国社会科学院海洋法治研究中心承办，采取线上线下相结合的方式进行。

3月18日，根据《中文核心期刊要目总览》2020年版编委会通知，由国家海洋信息中心主办的《海洋通报》，中国海洋学会、自然资源部第二海洋研究所和浙江省海洋学会共同主办的期刊《海洋学研究》，入编《中文核心期刊要目总览》2020年版海洋学类的核心期刊。

4月20日，澳门科技大学社会和文化研究所、澳门大学《南国学术》编辑部在澳门联合发布"2020年度中国历史学研究十大热点"，"'新海洋史'中海洋本位思想的确立及其影响"入选。

4月28日，"中国海洋文化建设论坛"在福州举行。本次活动由福建省海洋与渔业厅、福州大学、福建省海洋文化研究中心、社会科学文献出版社联合主办，会上同时举行了《海洋文化蓝皮书·中国海洋文化发展报告（2021）》启动仪式。

5月6~7日，由中国工程院院士李家彪、中国科学院院士戴民汉共同发起的"海陆统筹与全球变化"学科发展论坛在浙江杭州召开。苏纪兰、张偲、杨志峰、陈大可、蒋兴伟、张小曳等两院院士以及来自国家自然科学基金委和全国40余所高校、科研院所的60位专家学者参加了论坛。

5月19~21日，第五届全国海洋技术大会在浙江大学舟山校区举行。会议期间还举行了"全国海洋技术类"专业建设交流会，深入研讨如何建设海洋技术类专业。

6月10日，自然资源部东海局与上海海洋大学在沪签订《深化共建战略合作框架协议》。本次战略合作是"加强校所合作、推动科教融合发展"的一个重大举措,双方将大力推进海洋科普与文化建设,打造"上海海洋强国论坛"品牌智库;大力推进海洋科技创新条件平台建设、创新局校共建模式,在资源共建共享、高层次人才培养等方面实现新突破。

6月18日,中国海洋学会第九次全国会员代表大会在北京召开,共有423名会员代表参会。

6月25~27日,"首届中国海关史青年学者论坛"学术研讨会于厦门召开。本次论坛由厦门大学历史系、厦门大学中国海关史研究中心主办,厦门大学中国海关史研究中心承办。来自复旦大学、武汉大学、华中师范大学、上海交通大学等高校和科研机构的30余位专家学者参加了研讨会。

7月15日,中国近现代海洋史研究中心揭牌仪式暨专题报告会在位于连云港市的江苏海洋大学举行。江苏海洋大学、国家海洋信息中心、中国船舶集团公司第七一六研究所等相关单位代表参加了揭牌仪式。国家海洋信息中心研究员赵新生做了题为"我国海域海岛综合管理情况"的专题报告,从海洋的开发与利用、海洋变迁史、海洋管理史三个方面重点解析了我国海洋监管政策的变迁与当前海洋史研究的特点。

8月20~21日,中国海外交通史研究会与山东大学历史文化学院在线上联合举办"全球史视野下的东亚海洋史学术研讨会"。来自中国社会科学院、中国文化遗产研究院、浙江大学、中山大学、中国海洋大学、华东师范大学、福建师范大学、上海师范大学、青岛大学、山东省博物馆、福建省泉州海外交通史博物馆、山东大学等单位的近50位学者全程参加了会议。

9月9日,《中国海域海岛地名志》丛书日前由海洋出版社出版发行。全书分为8卷12册,共收录海域地理实体地名1194条、海岛

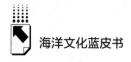

地理实体地名8923条,内容涵盖了地名含义及历史沿革,位置、面积、资源等自然属性,开发利用现状等社会经济属性及其他概况,是全面系统记载我国海域海岛地名的大型基础工具书。

9月18~19日,第二届"宋元与东亚世界"高端论坛暨新文科视野下古代中国与东亚海域学术研讨会在浙江工商大学召开。会议由中国社会科学院古代史研究所元史研究室、宋辽西夏金史研究室以及浙江工商大学东方语言与哲学学院联合主办,全国多所高校和科研机构的学者40余人参会。会议采用线上线下相结合的方式举行。

10月10~13日,"唐宋时期广州与海上丝绸之路"学术研讨会在广州举办。本次研讨会由广州海事博物馆、广东历史学会联合广东省社会科学院海洋史研究中心、中国博物馆协会航海博物馆专业委员会共同主办,来自历史学、考古学、博物馆领域的约60位专家学者出席了会议。跨界交流成为本次会议的一大亮点。

10月22~24日,"东亚视域下的中日文化关系——以赴日中国人为中心"国际学术研讨会于浙江工商大学成功举办。本次研讨会由浙江工商大学东方语言与哲学学院、东亚研究院、日本研究中心主办,中国日本史学会协办,日本国际交流基金会提供后援支持。参会者达60多人,收集论文45篇。3个分会场主题分别为古代中日文化交流、晚清中日文化交流、民国中日文化交流及民俗交流。

10月23~24日,由上海师范大学都市文化研究中心与人文学院历史系主办的第七届海洋文明学术研讨会在上海师范大学举行。本次会议的主题是"东亚世界的海洋认知",聚焦东亚各国历史上海洋观念的转变历程和海洋文明对东亚社会发展的意义。会议采用线上与线下结合的形式,40余位专家学者参加了本次会议。

10月29~11月6日,北京大学海洋研究院发起首届"从未名湖走向深蓝——北大海洋文化周"活动。此次文化周包括"院士论海"专题报告会、"燕园论海2021:海洋科技前沿与海洋命运共同体"学术报告会、"海洋、内陆与古代帝国：世界诸文明的交流与阻隔"学术研讨会等活动。

11月6~8日，由复旦大学文史研究院主办，广东社会科学院海洋史研究中心、中国航海博物馆合办的"海洋与物质文化交流：以东亚海域世界为中心"学术工作坊在上海顺利召开。40余位学者参与了此次工作坊活动。

12月4日，中马"送王船"联合申遗成功一周年暨厦门"城市与海洋——闽南文化论坛"在厦门举行。本次活动由厦门市文旅局、民盟厦门市委会主办，厦门市闽南文化研究会承办。当天，多位专家学者从历史发展、海洋精神、中西比较、当代研究等不同角度阐述了"城市与海洋"议题。

12月11日，2021海洋广东论坛暨2021（第四届）海洋史研究青年学者论坛在广东汕头南澳岛召开，120余位专家学者围绕"海洋自然生态、科学技术、知识交流史"主题进行了深入探讨和交流。本次会议由广东历史学会、广东省社会科学院历史与孙中山研究所（海洋史研究中心）、国家社科基金中国历史研究院中国历史重大问题研究专项2021年度重大招标项目"明清至民国南海海疆经略与治理体系研究"课题组联合主办。

12月16日，"海上福州"建设暨2021年度海洋文化蓝皮书发布会在福建省福州市连江县举行。

三　会展活动

3月17日，由联合国教科文组织政府间海洋学委员会和自然资源部国际合作司主办，自然资源部第一海洋研究所和中国海洋发展基金会承办的海洋空间规划经验交流会（中国）以线上会议的形式召开。来自40多个国家（地区）和国际组织的126名代表参加了会议。会议旨在落实联合国《加快国际海洋空间规划进程的联合路线图》，分享我国的海洋空间规划经验。

5月22日，第四届国际儿童海洋节在深圳宝安欢乐港湾启动。本届儿童海洋节以"爱海童行，从深出发"为主题，内容包含海洋嘉年华、中国环保帆船赛暨第五届"学生杯"帆船赛、"海语海"项目发布、粤港澳大湾区绘本绘画征集展览及深圳海洋小卫队出征净滩等。

6月3~5日，2021海峡（福州）渔业周·中国（福州）国际渔业博览会在福州海峡国际会展中心成功举行。展期除线上配套活动之外，还在现场举办了重点项目签约仪式、第三届中国渔业渔村发展振兴论坛、第三届中国·闽台休闲渔业论坛、第七届中国日料产业发展大会暨2021中国日料邀请赛、第四届福建鲍鱼节暨第八届连江鲍鱼节、连江水产品专场对接会、全国水产品采购对接会等活动。

6月5日，大连第五届海洋文化节开幕式在大连老码头爱国主义教育基地举行。6月5日~11月30日，文化节将围绕海洋文化、海洋科普、海洋体育、海洋产业、海洋旅游、海洋美食、海洋保护、海洋科技八大板块展开一系列活动。

6月8日，联合国"海洋科学促进可持续发展十年"（简称"海洋十年"）中国研讨会在山东省青岛市召开。该活动是世界海洋日暨全国海洋宣传日活动之一，也是纪念我国恢复联合国合法席位50周年系列活动之一。研讨会作为中国参与"海洋十年"的首场主场活动，重点围绕海洋综合认知科技创新、海洋生态和生物多样性保护、海洋对碳中和目标的解决方案、深海特殊生境发现等科学前沿和国内科学实践进行研讨，研讨中国参与"海洋十年"的行动目标和实施内容。

6月10日，第三届"国家海洋战略与创新能力建设"暨"长兴奋起"高峰论坛在上海交通大学及上海市崇明区长兴岛举办。以

"融合、发展、创新、智造"为主题,与会嘉宾围绕海洋装备产业升级、海洋科技创新、投融资体制创新、海洋资源高效利用和生态环境保护等话题,共话海洋经济发展。

7月12日,由自然资源部(国家海洋局)和贵州省人民政府联合主办的海洋生态保护论坛在贵州贵阳召开。论坛主题为"基于自然解决方案的海洋生态保护修复实践"。

7月27日,2021智慧海洋论坛在北京举行。该论坛是第23届中国科学技术协会年会的分论坛之一,以"畅想未来海洋新基建 推动海洋产业高质量发展"为主题,由中国科协、北京市人民政府主办,"科创中国"咨询委员会、国家海洋信息产业发展联盟承办,中国海洋学会协办。

9月6日,中国—太平洋岛国"合作共赢、共同发展"论坛在福建平潭举行。萨摩亚、汤加、所罗门群岛等太平洋岛国驻华大使和太平洋岛国贸易与投资专员署代表,有关企业代表等近百位嘉宾参加了论坛。论坛由中国人民对外友好协会、福建省政府主办,平潭综合实验区管理委员会、自然资源部海岛研究中心承办。

9月8日,2021"丝路海运"国际合作论坛在福建厦门开幕,论坛主题为"丝路海运——新阶段、新机遇、新使命"。第八批"丝路海运"命名航线在论坛上发布。此外论坛还发布了《2021"丝路海运"蓝皮书》、"丝路海运"通关服务标准,并启动了"丝路海运"信息化平台。

9月19日,2021第十届上海邮轮游艇旅游节正式开启。活动结合中秋佳节传统文化,以"十全十美,花好月圆"为主题,将上港邮轮城景区、商超、码头平台及景观绿地相互打通,在国客中心码头面板及上港邮轮城景区内打造了一场以国风造景布置及沉浸式汉服文化互动体验为核心的游园会嘉年华。

9月19日,2021上海湾区滨海嘉年华·海渔文化节在杭州湾畔的金山嘴渔村拉开帷幕，活动将一直持续到 10 月底。当天，张春阳造船技艺工作室在渔村舢板船博物馆成立，青年艺术家签约入驻金山嘴渔村非遗西街，上海湾区（山阳）沪小图吉祥物同步发布。主办方还推出了饕餮海鲜长桌宴、舢板船非遗体验季、山阳田园丰收季、金山嘴渔村首届艺术节等九大系列活动。

9 月 19 日，以"千年传承 赶海潭门"为主题的 2021 年第七届琼海潭门赶海节在海南琼海市潭门镇老码头开幕。首届"赶海寻宝"大赛、"赶嗨"音乐节、海鲜长桌宴等主题精彩活动同期拉开帷幕。

9 月 22 日，2021 山东省旅游发展大会在烟台滨海广场开幕。本次大会以"畅游仙境海岸·乐享好客山东"为主题，旨在以海洋旅游和文旅大项目建设为突破口，推动全省文化旅游的高质量发展。2021 国际海岸休闲高质量发展论坛于同期举办。

10 月 26 日，第七届中国—东南亚国家海洋合作论坛在广西壮族自治区北海市召开。本届论坛以"共绘联合国'海洋十年'合作蓝图，深化中国—东南亚国家蓝色伙伴关系"为主题，来自中国、东南亚国家和国际组织的代表、专家学者 270 余人参加了论坛。

11 月 1 日，第六届世界妈祖文化论坛暨第二十三届中国莆田湄洲妈祖文化旅游节在妈祖故里——福建莆田湄洲岛举办。论坛围绕"构筑海洋命运共同体"主题，开展平等对话、交流互鉴，并发出"湄洲倡议"。这期间还举行了"海神妈祖"主题国家级非遗剪纸艺术展、第二届"妈祖世界·瓷行天下"陶瓷作品展览会、《祥瑞湄洲》民俗歌舞实景秀、第六届"湄洲女发髻"表演赛等活动。

11 月 9 日，第二届"海洋合作与治理论坛"在海南三亚开幕。线上、线下参会的 800 多位专家学者围绕全球海洋治理中新近出现的问题等进行了前瞻性的思考和研讨。

11 月 9~10 日，由中国—东南亚南海研究中心、中国南海研究院和中国海洋发展基金会共同主办的 2021 海洋合作与治理论坛在海南三亚成功举办。本次论坛有"全球海洋治理的机遇和挑战""构建南海安全秩序""南海海洋治理实践""国际海洋法前沿问题研究""北冰洋海洋治理实践""疫情影响下的国际海事安全合作""蓝色经济和海洋可持续发展"7个专题的平行论坛。

11月17日,由厦门大学、中国海洋发展基金会、福建省海洋与渔业局联合主办的2021永续海洋论坛在福建厦门开幕。论坛分为"碳中和与海岸带可持续发展"和"海洋智库建设经验交流"两个议题。

11月18日,2021厦门国际海洋周开幕。本届海洋周以"人海和谐 携手共筑蓝色发展新十年"为主题,16个活动"线上+线下"同步推进,并重点推出"海洋+"系列活动,聚焦海洋经济高质量发展。

11月27日,由霞浦县人民政府、福建省海洋文化中心主办的中国·霞浦海洋文化论坛在宁德霞浦举行。本次论坛的主题为"海洋文化赋能霞浦新经济发展",各界人士共70余人参加了会议。

12月24日,2021中国(海南)国际海洋产业博览会在海南国际会展中心开幕。展会期间将举办海洋生物资源保护与利用论坛、中国(海南)碳汇渔业绿色发展论坛、RCEP背景下渔业产业发展论坛等多个论坛,搭建业界交流平台,共同探讨碳中和目标下的水产养殖业绿色发展新路径、新模式。中国(海南)国际海洋产业博览会已连续举办12届。

四 风俗庆典

3月28日,第六届潍坊北海民俗祭海节在滨海区欢乐海旅游度假区举行。当地渔民、盐民以及各地群众、游客6000余人参加了本次活动,共同祈愿四海平安、风调雨顺、渔盐丰收。

4月18日，"好客山东·乡村好时节（谷雨）"2021荣成乡村文化旅游季暨渔民节开幕式在荣成市宁津街道东楮岛村举行。当天有2万多名游客来到东楮岛，感受传统节日和乡村旅游的魅力。荣成院夼、朱口、沙口、大鱼岛、河口等沿海渔村和石岛天后宫等地也陆续举办了渔民节祭祀活动。

6月6日，山东省威海市举办2021中国（威海）第二届海洋放鱼节暨世界海洋日宣传公益活动。6月6日是全国放鱼日，活动以"养护水生生物　建设美丽中国"为主题，200余人在刘公岛主会场参加了启动仪式，文登区、荣成市、乳山市、经区、南海新区等分会场同步启动。活动共放流鱼类苗种35万余尾，放流虾蟹类、鱼类总规模超过4500万单位。

6月16日，2021舟山群岛·中国海洋文化节暨休渔谢洋大典在岱山鹿栏晴沙中国海坛举行。大典设置开幕仪式、祭祀仪式、歌舞谢洋三个篇章，当天来自各乡镇的320位渔民代表汇集于此。

7月24日，青岛红树林度假世界第三届海洋光影狂欢节开幕。从7月24日~8月22日，青岛红树林度假世界带来狂欢之夜、海洋之夜、魔幻之夜、浪漫之夜四大主题的5D全息光影秀。

8月16日，2021年汕尾市开渔节启动仪式在汕尾港区五千吨码头举行。此次活动主题为"呵护蓝色海洋　建设靓丽明珠"，由汕尾市政府主办，深圳对口帮扶汕尾指挥部、市城区政府、市农业农村局、市自然资源局和汕尾广播电视台联合承办。

8月16日，由阳江市人民政府、广东省农业农村厅联合主办的2021年南海（阳江）发布开渔令活动在海陵岛闸坡国家中心渔港举行。今年活动以"万帆竞发喜开渔、百年华诞庆丰收"为主题，同期还开展了2021年中国南海（阳江）渔业海钓装备展览会云上展、寻找广东最美渔村摄影大赛等活动。

9月1日，以"维护海洋生态环境提升蓝色经济质量"为主题的第七届中国海洋岛渔场开渔节在大连长海县海洋岛镇红石国家一级渔港大滩港区拉开了序幕,工商联组织渔民及海岛群众举行了民俗文化节目展演和民间祭海仪式。

9月16日,中国黄海·黄沙港开渔节开幕式在国家中心渔港射阳县黄沙港举行。持续到10月7日的活动期间,除开幕式外,还有百味渔城海鲜美食节、海鲜烹饪大赛、"鱼眼看世界"开馆仪式、渔姑渔嫂织网比赛、渔获拍卖会、渔民画展等一系列丰富多彩的活动。

9月16日,中国农民丰收节系列活动暨第二十四届中国(象山)开渔节开渔仪式在浙江象山石浦港隆重举行。本届开渔节以"万象山海迎丰收,渔开天下庆小康"为主题,系列活动由"万象山海"和"渔开天下"两大板块组成,从8月1日小开渔开始至10月31日结束。

10月18日,在漳州市区中山桥烧灰巷码头,进发宫在获得"世界非遗"后首次举行了"送王船"活动。位于九龙江流域的进发宫是漳州市三个申遗点之一,也是目前世界上唯一一座"水上神庙"。"送王船"的流程全部在水上完成,与当地疍民世代传承的生活方式高度契合。

10月30日,第六届中国大黄鱼文化节(宁德·福鼎)嵛山岛第五届渔旅文化节暨海岛音乐嘉年华在福建宁德福鼎盛大启幕。本次活动也是第十一届宁德世界地质公园文化旅游节系列活动之一。

11月13日,2021年首届福州鱼丸文化节在福建连江举办。当天举办了文化节开幕式、鱼丸美食集市、"一起来丸"鱼丸音乐节、"年年有鱼"·开海丰收宴四大主题活动。

五 公益科普

1月1日,国家海洋博物馆《海洋灾害》专题展览正式与观众见

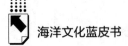

面。展览占地约1850平方米，包括动态星球、风起浪涌、山崩海啸、冰冻危机、海岸防护等主题内容，通过沉浸体验、参与互动、复原场景、视频展示等多种手段，带领大家系统了解海洋灾害及防灾减灾知识。

3月21日，由深圳市规划和自然资源局主办的2021世界森林日主题宣传活动暨首届"山海连城·自然深圳"生活节在深圳开幕，各项精彩活动令人目不暇接。50多家"山海连城自然教育联盟"单位在现场布置了红树林科普展、海洋科普展、地质地貌展等专题展览。

3月16日，深圳海洋博物馆建筑设计方案国际竞赛结果正式宣布，普利兹克奖得主妹岛和世、西泽立卫主创的设计方案"海上的云"最终胜出。

4月1日，国家海洋博物馆新引进的"海洋实况"LED球投入使用。"海洋实况"LED球是由国家海洋博物馆、国家卫星海洋应用中心、自然资源天津市卫星应用中心共同策划打造的展品，它可以360度展示全球任意海域的风场、温度场、浪场、地转流等海上实时信息，旨在向公众科普海洋多种多样的自然变化现象以及卫星遥感技术在海洋监测领域的广泛应用。

4月22日，广西大学海洋学院涠洲岛珊瑚馆在"世界地球日"正式开馆。该馆由北海市涠洲岛旅游区管委会和广西大学海洋学院发起成立，专注于涠洲岛珊瑚保育和大众科普公益，是全国首个以珊瑚礁为主题的科研、科普基地。当天，"那片海，我的家"涠洲岛珊瑚保护计划活动同步启动。

4月25日，为庆祝中国共产党建党百年，国家海洋博物馆举办《海上丝绸之路的故事——中国销往欧洲纹章瓷器精品展》，展览通过"瓷路海贸""世族佳器""美美与共"三个部分、300余件套文物为广大观众讲述了海上丝绸之路的故事。展期截至7月24日。

4月27日，中国钓鱼岛数字博物馆英、日文版在钓鱼岛专题网站（www.diaoyudao.org.cn）上线运行。该博物馆由福建师范大学钓鱼岛研究团队设计创建，中文版已于2020年10月3日正式开通，在其上生动展示了钓鱼岛及其附属岛屿主权属于中国的法律和历史依据。

5月8日，"广西海洋防灾减灾宣传周"活动在南宁正式启动。活动当天，自治区海洋局通过播放宣传片、发放宣传资料、现场讲解等方式向市民普及海洋防灾减灾科学知识。

5月24日，自然资源部办公厅发布《关于组织开展2021年世界海洋日暨全国海洋宣传日主题宣传活动的通知》，公布了今年的活动主题是"保护海洋生物多样性　人与自然和谐共生"。

5月26日起，由中国地质大学（北京）和北京市高校博物馆联盟主办，中国地质大学（北京）党委宣传部、海洋学院、地球物理与信息技术学院及博物馆策划的"沧海横渡　赤子征程——中国地质大学（北京）大洋与极地科考主题展"在中国地质大学（北京）线上线下同步开放。展览主要包括中国地质大学涉海历史与科研成果、科学知识、科学文化、科学精神等内容。

6月3~4日，江苏省2021年世界海洋日暨全国海洋宣传日活动在连云港举行。活动期间先后举行了世界海洋日主题宣传活动暨第六届海洋科技文化节开幕式，并现场为江苏海洋大学"江苏海洋科普教育基地"授牌；现场连线霍尔果斯市莫乎尔中心学校，向新疆地区的青少年捐赠书籍；召开江苏省海洋日宣传系列活动座谈会；于在海一方公园举行净滩活动，同时为连云港清洁海岸志愿服务中心颁授"江苏海洋卫士"旗帜，并与现场群众互动赠送生态瓶。

6月6日，自然资源部第二海洋研究所在杭州举办"庆祝百年华诞，传递蓝色梦想"2021公众开放日/世界海洋日大型科普活动。活动内容丰富，包括6场主题科普报告、4个海洋主题"小球大世界"

球幕电影展播讲解、海洋二所展览馆参观讲解、海底探险（VR）互动体验、《蛟龙入海》3D电影展播、海洋观测仪器科普讲解、科学游戏互动、"庆祝百年华诞，传递蓝色梦想"主题诗歌活动等。

6月7~8日，广西海洋部门围绕"保护海洋 经略海洋 大力发展向海经济"主题开展系列活动。活动包括广西海洋工作领导小组"向海经济讲坛"、北部湾大学"海洋经济高质量发展的思考"专题讲座、广西大学海洋学院"海洋珊瑚开放日"等。

6月8日，辽宁省自然资源厅联合省农业科学院开展了一系列海洋主题宣传活动。在大连黑石礁公园，以宣传展板和宣传台集中展示了海洋资源、海岛保护、斑海豹救助等相关科普知识，向社会公众普及海洋环境保护、海域使用管理等方面的法律法规及管理政策。活动期间，主办方还邀请海洋专家走进部分中小学，开展"海洋知识进课堂""海洋科普书籍进校园"系列活动，受到热烈欢迎。

6月8日，2021年世界海洋日暨全国海洋宣传日主场活动在山东青岛举行。自然资源部第三海洋所、广东省湛江市红树林国家级自然保护区管理局、北京市企业家环保基金会签订了中国首个蓝碳碳汇项目交易协议，并发布了蓝碳生态系统保护修复倡议书。活动中还启动了第13届全国海洋知识竞赛。活动期间，青岛市同步举行了"全国大中学生海洋文化创意设计大赛优秀作品展"等主题展览，自然资源部北海局科考基地开放"向阳红09"和"大洋一号"，并举办了自然保护公益沙龙等活动。

6月8日，河北省2021年世界海洋日暨全国海洋宣传日主场系列活动在石家庄市河北地质大学拉开帷幕。在活动现场举行了第六届河北省大学生海洋知识竞赛启动仪式、第六届"山里孩子去看海"活动授旗仪式和海洋相关知识讲座；活动现场还摆放了海岸线修复治理、海域海岛管理等内容的宣传展板，发放了海洋知识科普图册。

6月8日，自然资源部中国地质调查局青岛海洋地质研究所与宁波市宁海县长街镇人民政府、长街镇中心小学共同组织了一场别开生面的科技嘉年华进校园活动。活动围绕"保护海洋生物多样性　人与自然和谐共生"主题，通过科普讲座、科普知识展览、绘画比赛和VR（虚拟现实）体验等多种形式开展内容丰富的科普宣传。

6月8日，广东省自然资源厅在江门台山举办海洋日主会场活动并召开新闻发布会，发布《广东海洋经济发展报告（2021）》《2020年广东省海洋灾害公报》《2021广东省海洋经济发展指数》。主会场活动现场播放了"蓝色江门　扬帆湾区"江门市海洋经济宣传片，举行了"江门·发现海洋之美"摄影大赛颁奖仪式、红树林散文集和摄影大赛作品集图册赠送仪式等活动。

6月8日，深圳市盐田区图书馆推出线上主题活动，为读者普及海洋知识。盐田区图书馆旨在建设"智慧型海洋文献特色图书馆"，长期将海洋文献作为特色馆藏进行收集，截至目前已有海洋类图书1.6万册；建设有全国首个海洋专题类资源联合目录库，整合了1000多家图书馆的海洋馆藏资源信息、100万条海洋目录信息，可为读者提供一站式的海洋信息检索、阅读、利用服务；搭建海图数交互式数字资源平台，读者可以通过二维码分享海图资源，还可以通过有趣的互动小游戏学习海图知识。

7月6日，中国海洋发展基金会在内蒙古自治区捐建的首个海洋图书馆在通辽市第五中学揭牌。该图书馆系"捐建海洋图书馆，培养青少年人才"海洋育苗项目最新成果。仪式过后，自然资源部第三海洋研究所研究员余兴光为师生作了"中国极地考察亲历感悟分享"主题讲座。

7月18日，"美丽中国，我是行动者"海洋生物多样性保护公益活动在辽宁大连正式启动。活动由生态环境部宣传教育中心、辽宁省生态环境厅、大连市生态环境局联合主办，辽宁省生态环境事务服务中心和大连市生态环境事务服务中心协办，中华儿慈会青少年生态环境教育专项基金联合大连圣亚旅游控股股份有限公司共同承办。

8月13日，上海市水务局（上海市海洋局）举行了"走进水务海洋"活动。该活动为上海"政府开放月"系列活动之一，后续还会继续开展7场开放活动，包括参观防汛物资仓库、海洋法律法规科普、走进污水处理厂等。

9月1日，《中国海洋发展基金会五年发展规划（2021—2025年）》印发。其中"宣讲海洋权益与外交知识，激发大学生海洋家国情怀"海权教育项目、"捐建海洋图书馆，培养青少年人才"海洋育苗项目、"宣扬海洋文明成果，讲好中国海洋故事"海洋文化项目等被列为未来5年的重点项目。

9月11日，由中国海洋发展基金会主办的"守护美丽海岸，我们共同行动"第五届全国净滩公益活动正式启动。本届活动在江苏连云港、浙江台州和天津设主会场，在辽宁大连、河北秦皇岛、山东青岛、福建泉州、广东深圳、海南三亚以及上海等24个城市设分会场。活动内容包括海洋主题现场演出、主旨演讲、实物和图片展览、专家现场宣讲、志愿者捡拾岸滩垃圾、社会公众宣教等。

10月28日，珠海海洋观测科普教育基地举行挂牌仪式，成为广东省首个由地方自然资源部门与国家海洋局所属海洋监测单位共建的海洋观测科普教育基地。

11月9日，中国航海博物馆新设的海洋展区在上海开幕。该展区分为蓝色星球、多彩生命、水中宝库、守护蔚蓝4个部分，包括海洋地理、海洋生物、海洋资源开发、海洋环境保护等方面的科普知识，并辅以海洋发展历史介绍。

11月18日消息，惠州海洋环境监测站与惠州市自然资源局近日举行了共建海洋科普教育基地挂牌仪式。

六 教育研学

3月20日，20余名"小记者"走进厦门海洋经济公共服务中心，开启海洋科技畅游之旅。中心向"小记者"展示了厦门海洋生物、海洋渔业、海洋科技等领域的丰富资源和创新成果；此次活动也是提升全民海洋意识"从娃娃抓起"的生动实践。

4月6日，"Hi博士自然教育实验室"公益项目建设启动仪式暨"海洋卫士学校"挂牌仪式在四川省成都市新津区成外学校举行。该项目由蓝丝带海洋保护协会发起，致力于改善我国中小学生自然科学科普教育现状，从了解、探索、保护等方面入手，通过教育和实践等方式丰富青少年的自然科学知识、提升青少年的自然科学素养。

4月20日，首届"走进南海：关注海洋，探索海洋"全国大学生夏令营新闻发布会在海南举行。据悉，夏令营定于2021年8月中旬正式开营，30名营员将在海南省海口、琼海、三亚等地参加海洋主题系列讲座，实地考察渔港渔村、海事部门和研究机构，还将探访南海岛屿体验海岛生活，领略南海明珠的风采。

4月23日，浙江大学海洋学院与舟山市南海实验学校共建海洋科普阅读基地签约仪式在南海实验学校视听中心举行。仪式上，浙江大学海洋学院向南海实验学校赠送7280册图书及价值30万元的VR有声读物视听资料；今后，浙江大学海洋学院还将充分发挥其专家力量，开展海洋主题的学术讲座、科普教育等活动。南海实验学校将阅读基地建设列入学校书香校园整体发展规划中，将海洋科普阅读基地育人机制推向纵深。

5月18日，首届全国大学生Ocean Tech竞赛—创新挑战赛和水下机器人竞赛决赛在浙江大学舟山校区举行。来自全国10所高校的22支队伍参加了这两项赛事的角逐。

5 月 24 日，2021 中国海洋实践教育大讲堂暨海洋研学高峰发展论坛在山东青岛举行。来自中国太平洋学会海洋科普与传播专业委员会、中国海洋学会研学工作委员会、中国海洋大学、中国地质调查局青岛海洋地质研究所、国家海洋博物馆的专家学者带来了一场以海洋研学为主题的思想盛宴。

5 月 25 日，"拥抱海洋"海洋研学旅游产业促进活动暨中国（青岛）研学旅游创新发展大会在山东青岛召开。会议推介了青岛市八大海洋研学旅游特色线路；青岛市还向烟台、潍坊、威海、日照四市发出倡议，共同成立胶东研学旅游产业联盟。

5 月 31 日，"我爱海洋'双讲'"活动大赛云颁奖仪式在京举办。双讲，即老师"讲好一堂海洋课"、学生"讲出我的海洋情"演讲，由中国海洋发展基金会面向 35 所"海洋育苗项目"学校的全体师生举办。

6 月 3 日，广西壮族自治区教育厅发布公示，拟向教育部申请批准北京航空航天大学北海学院与桂林电子科技大学北海校区合并转设为"广西海洋学院"。

6 月 18 日，由山东省教育厅、山东省海洋局等部门联合举办的"向海而生"蓝色海洋教育活动启动仪式在山东济南举行。山东省相关部门负责人、山东省中小学师生代表参加了启动仪式并参观了海洋教育特色学校展、海洋研学新动能展等。本次活动还将组织全省中小学生开展海洋知识竞赛、打造《向海而生》特别节目等。

9 月 12 日，位于青岛西海岸新区古镇口创新示范区的中国科学院大学海洋学院迎来了首届学生开学典礼暨学院新园区启用仪式。中国科学院大学海洋学院由中国科学院和青岛市政府共同建设，是中国科学院大学首批成立的京外科教融合学院之一。

9 月 23 日，中国海洋大学海洋生命学院生物科技协会大学生讲师团走进青岛嘉峪关学校，为小学生们带来了海洋科普知识系列课程的第一课，开启了"海底探秘集结计划"。"海底探秘集结计划"是由青岛嘉峪关学校与中国海洋大学共同打造的海洋科普知识系列课程，由理论课、实践课、校外课、特色课等为期1个学年的12期课程组成。

10月16日，全国大中学生第十届海洋文化创意设计大赛颁奖典礼在山东威海举行。本届大赛以"经略海洋"为主题，秉承"创新、协调、绿色、开放、共享"的发展理念，收到参赛作品38165件，其中77件作品分获金、银、铜奖。

10月20日，中国—挪威海洋大学联盟成立大会在中国海洋大学举行，教育部国际合作与交流司、两国使馆领导以及中挪23所高校的代表相聚云端。联盟的成立为中挪涉海院校之间搭建起一个重要的合作平台。

11月21日，福建农林大学海洋学院挂牌成立。学院将设置水产养殖学、海洋科学、食品科学与工程（海洋食品方向）、海洋管理4个本科专业，并建立本硕博完整的人才培养体系。学校现有的福建省海洋生物技术重点实验室、海洋研究院等海洋类创新平台将依托海洋学院建设。

11月23日，2021青岛海洋研学旅游设计大赛正式拉开帷幕。来自研学旅游基地（营地）、旅行社、景区、博物馆和院校的140支代表队携314份作品参赛。本次大赛由青岛市文化和旅游局指导、青岛市研学旅行基地协会主办，分为研学课程设计和线路设计两个赛道，优秀获奖作品将用于青岛市海洋研学旅游宣传推广工作。

七　海洋文艺

1月7日，近日，"大海家园"浙江舟山群岛渔民画作品展在浙江展览馆展出。展览由中共舟山市委宣传部、舟山市文学艺术界

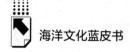

联合会主办，浙江展览馆、舟山市美术家协会、舟山渔民画协会承办。

3月23日起，由陈昆晖执导，张翰、王丽坤领衔主演的《海洋之城》在江苏卫视幸福剧场正式开播。本片是首部以邮轮文化为背景的电视剧，以世界邮轮首位华人船长的诞生为主题。

4月16日，第11届"岱山杯"海洋文学大赛启动征稿。大赛由中国散文学会、岱山县人民政府主办。

6月7日，2021"沧海颂"中国海洋画作品展在山东省荣成市好运角美术馆隆重开幕。该展是由海洋画派创始人宋明远发起，以辽阔的海洋为主题，以中国画为主的品牌展览，自2014年起已成功举办了7届。开幕式上，中国海洋画派荣成创作基地同时揭牌。

6月8日，北京海洋馆推出《海洋你好——翕翕的奇幻之旅》大型沉浸式亲子互动剧，向亲子家庭传递海洋环保知识。该剧目根据国内首套原创海洋环保绘本改编，由北京海洋馆与恒图畅达联袂打造，鲨鱼小镇、白鲸湾等场馆"变身"演出现场，观众需要按照参观路线一边走一边欣赏演出。

6月9日，2021第二届"关爱海洋"文化出版融媒体创意作品大赛启动征稿，主题为"知海爱海　逐梦蔚蓝"。本届大赛由中国海洋发展基金会主办，海洋出版社有限公司、中国太平洋学会联合主办，北京海洋世界文化有限公司承办，百度App提供线上支持。

8月14日，由中共威海市委宣传部和山东火龙文化传播有限公司联合摄制的纪录电影《大洋深处鱿钓人》荣获第九届加拿大温哥华华语电影节"红枫叶"奖——最佳纪录片奖，该电影节是中国本土之外的最具影响力的国际华语电影节之一。

12月18日，首届中国·霞浦海洋诗会暨新时代海洋诗歌论坛新闻发布会在中国现代文学馆举行。论坛由中国作家协会《诗刊》社、中国诗歌网、福建省文联、中共宁德市委宣传部、中共霞浦县委、霞浦县人民政府联合主办，福建省作家协会、宁德市文联、中共霞浦县委宣传部联合承办计划于2022年春夏之交在福建霞浦举行。

八 体育赛事

1月1日，2021第二届超级帆船赛、2021新年杯帆船赛、2021年第十一届风之曲新春帆船赛、第四届"保利·青谷杯"中国深圳青少年帆船赛暨第四届保利·青谷"学生杯"深圳帆船帆板赛冬季赛、"河港杯"帆船冠军冬季挑战赛、海南沙滩运动嘉年华（三亚）主题乐园HOBIE帆船跨年帆船赛等赛事在深圳、南京、秦皇岛、三亚等地举办，各地大小帆友扬帆，共同迎接新年的到来。

3月9日，中国帆船帆板协会正式公布2021中国家庭船赛赛历。今年，该赛事进入第三年，计划于5~11月在万宁、岳阳、武汉、黄石、宁波、杭州、台州、青岛、天津、威海、济南、秦皇岛、上海、苏州、常熟、九江、东山、深圳共计18座城市举办22站比赛。

3月28日，"宝安杯"2021深圳帆船邀请赛在宝安滨海文化公园、西湾红树林公园周边海域举办。本次赛事设4个组别，共邀请来自全国各地的54支帆船队伍共计129名选手扬帆竞技。

4月25日，中国体育彩票杯2021年全国风筝板冠军赛在琼海博鳌亚洲湾正式开幕。本次比赛为期5天，共有来自全国各省区市代表队和俱乐部的百余名选手参赛。

5月1~3日，2021梅沙教育全国青少年帆船联赛在深圳和秦皇岛南北两个赛区同时举行。来自全国各地的238名小水手经过3天的激烈较量，最终决出了12个组别的名次。

5月10日，2021"永利杯"青澳国际帆船拉力赛正式从青岛启航。参赛队伍途径宁波、厦门、深圳、珠海等地，航行约1200海里，计划于5月27日在澳门冲线。

5月25日，2021中国帆船城市超级联赛新闻发布会暨始发站中国衢江的启动仪式在上海举行。本赛事由中国帆船帆板运动协会主办，旨在通过联赛模式，加强各帆船城市间的交流互动。联赛首站于7月9日在浙江省衢州市启航，10月10日抵达第二站山东青岛。

5月26日，2021年全国帆板冠军赛暨东京奥运会帆板项目备战大合练在山东荣成圆满收帆。此次比赛是国家帆板队出征东京奥运会前的最后一次比赛，260余名运动员经过7天的扬帆破浪，最终角逐出26个竞赛小项的冠亚军。

6月7日，2021年全国帆船锦标赛（470级＆激光级＆芬兰人级）暨东京奥运会帆船项目备战大合练在日照世帆赛基地扬帆开赛。本次比赛共有来自全国22个省市的231名运动员参赛。

8月4日，东京奥运会帆船帆板比赛全部结束，中国选手参加了所有10个级别中8个级别的比赛，卢云秀获得女子帆板RS：X级金牌，毕焜获得男子帆板RS：X级铜牌。这是中国队继北京奥运会之后再次有1金1铜的表现。

8月4~6日，2021第二届ITSR国际中学生精英帆船赛（中国·青岛）顺利举行。

10月1~3日，2021中国（日照）国民休闲水上运动会帆船比赛暨日照帆船公开赛在日照世帆赛基地顺利举行，共有130余名选手参赛。

10月10~16日，2021第十三届青岛国际帆船周·青岛国际海洋节在青岛奥帆中心举行。本届帆船周·海洋节以"传承奥运，扬帆青岛；打造帆船之都，建设体育强市"为主题，推出六大板块十二赛一营30余项文体、商贸和交流活动。

10月14日，中国青少年帆船示范基地、中国内湖帆船产业实验基地揭牌仪式在浙江宁波东钱湖国际帆船港湾举行。

10月20日，2021"山东港口杯"仙境海岸半岛城市帆船拉力赛从青岛启航。本次赛事途径潍坊、烟台、威海等地，共有 8 支船队参赛，包括场地赛和拉力赛。11 月 2 日，船队完成环山东半岛 940 海里壮丽征程后顺利返回青岛奥帆中心。

10 月 30 日，光明乳业·2021"百帆迎客"长三角一体化发展示范区水上运动公开赛暨长三角青少年帆船俱乐部秋季赛正式开赛。本次赛事吸引了 12 个参赛单位共计 160 名青少年选手热情参赛。

11 月 6 日，2021 中国风筝板巡回赛在福建省平潭综合实验区龙王头海滩开幕，共有 110 人参赛。赛事分男、女专业组及大众组共 4 个竞赛项目。

11 月 8 日，2021"一带一路"国际帆船赛（中国北海站）在广西北海起航，共有 19 支帆船队参赛。本次赛事是自 2019 年首次成功举办后的第三届，同期还进行了 2021 广西青少年冲浪锦标赛、2021 广西青少年帆板（风筝板、OP 帆船）锦标赛、全民帆船嘉年华等活动。

11 月 20 日，"翠湖香山杯"第四届全国帆板大师赛、2021 年广东省青少年帆船冠军赛（U 系列赛）暨广东省帆船联赛（珠海站）、2021 年珠海市民健身运动会"九洲杯"OP 帆船赛在位于九洲港公共帆船游艇码头的珠海帆船赛事保障中心园区内拉开帷幕。

12 月 2 日，"中国体育彩票杯"2021 年全国帆板锦标赛暨全国青年帆板锦标赛在海南海口的西秀海滩开幕，这是东京奥运会和第十四届全运会结束后举办的最高水平全国帆板赛事，也是巴黎奥运周期的首个全国大赛。

12 月 11 日，2021 年全国帆船锦标赛及全国风筝板锦标赛暨全国帆船冠军赛在海南海口的西秀海滩开幕。比赛吸引了来自广西、宁夏、山东等省区市的 18 个代表队 300 余名运动员参赛。

12 月 25 日，2021 深圳帆船周系列活动正式启动。活动以"向海而生"为主题，由培训、比赛和活动三个版块组成，组织举办了包括 2021 全国帆船帆板裁判员培训班、亚太杯帆船挑战赛、美周杯帆

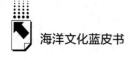

船赛、深圳水上运动安全培训和中国深圳青少年帆船赛等在内的多项活动。

九　海洋史迹

3月12日，国家文物局考古研究中心与山东大学战略合作协议签约仪式在国家文物局举行。根据协议，国家文物局考古研究中心与山东大学将在水下考古、科技考古、文物保护、人才教育与培训等领域开展深入合作，在山东大学共建"山东大学海洋考古研究中心"，在国家文物局考古研究中心北海基地挂牌设立"山东大学海洋考古教学与科研基地"。

5月20日，国家文物局考古研究中心与中国（海南）南海博物馆合作，调集海南、浙江、福建、广东、广西、湖南等省的水下考古及出水文物科技保护专业人员组成水下考古工作队，从千年潭门港出发驶向西沙海域，开展西沙群岛石屿二号沉船遗址钻探试掘和华光礁区域物探调查工作。本次水下考古从石屿二号沉船遗址新采集出水一批元代青花瓷器；在华光礁礁盘外发现一处探测疑点。

6月18日，2020年4月在地中海东岸发现的奥斯曼帝国巨型沉船入选2020丝绸之路十大考古发现。据推测，这批船只大约是在1630年在埃及和伊斯坦布尔之间航行时沉没的，船上货物包括从地中海沉船中找到的最早的中国瓷器。此次评选结果由中国考古学会丝绸之路考古专业委员会和中国丝绸博物馆在2021丝绸之路周主场活动期间共同发布。

7月25日，"泉州：宋元中国的世界海洋商贸中心"项目在第44届世界遗产大会上正式获得通过，至此，中国在世界遗产清单上的记录达到56处。该项目包含的交通、生产和商贸等22处遗产点完整体现了宋元时期泉州高度整合的产运销一体化海外贸易体系以及支撑其运行的制度、社群、文化因素所构成的多元社会系统。22处代表性古迹遗址包括九日山祈风石刻、市舶司遗址、德济门遗址、天后宫、真武庙、南外宗正司遗址、泉州府文庙、开元寺、老君岩造像、清净寺、伊斯兰教圣墓、草庵摩尼光佛造像、磁灶窑址、德化窑址、安溪青阳下草埔冶铁遗址、洛阳桥、安平桥、顺济桥遗址、江口码头、石湖码头、六胜塔、万寿塔。

12月7日，"南岛语族起源与扩散研究"项目正式被国家文物局纳入"考古中国"重大项目。该项目经福建省文物局申报，由福建省考古研究院联合中国社会科学院考古研究所及浙江、海南、广东省级考古研究机构共同开展。南岛语是世界上最庞大的语族（语系）之一，是世界上唯一主要在海岛分布的语族（语系），其起源与扩散长期以来一直是环南中国海及南太平洋地区考古学、人类学和语言学等领域的学术焦点之一。

12月20日，中央广播电视总台发布2021年度国内十大考古新闻和国际十大考古新闻。国内十大考古新闻包括西沙水下考古取得新进展、福建泉州入选《世界遗产名录》；国际十大考古新闻包括新加坡海域打捞出载有中国瓷器的古沉船。

12月31日，国家海洋考古博物馆（青岛）项目举行签约仪式，正式落户青岛蓝谷。项目规划占地面积为44亩，总建筑面积约为2.6万平方米，总投资约为4亿元，是山东省第一家"国字号"央地共建博物馆。项目依托国家文物局考古研究中心，将设置国家考古研究中心展区、水下考古修复展区、水下考古巡展展区、青岛海洋考古展区四大展区，预计建设成为国家级综合性海洋考古博物馆。

12月，广东海上丝绸之路博物馆出版《沉舟格物——海上丝绸之路文化研究》《沉舟格物——广东海陵咸船澳炮台2020—2021年考古调查》两部著作，为"印象'南海Ⅰ号'"系列的第四部、第五部著作。

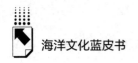

十　其他相关

3 月 31 日，自然资源部海洋战略规划与经济司发布《2020 年中国海洋经济统计公报》。根据公报，2020 年，我国主要海洋产业稳步恢复；滨海旅游业受到前所未有的冲击，旅游人数锐减，邮轮旅游全面停滞。

9 月 8 日，第一次全国海洋经济调查档案进馆工作全部完成，涉及我国 11 个沿海省（区、市）和 16 个支撑单位。第一次全国海洋经济调查于 2012 年 12 月至 2019 年底全面开展，中国海洋档案馆累计接收调查案卷 5838 卷，电子档案 504.63GB，实物 117 个。

10 月 18 日，浙江省首个全市一体化多层级海洋公益诉讼创新实践基地在舟山建成并启用。舟山市检察院在"守护海洋"总框架下，创建了"海岸带公益保护""海洋资源和海岛文物保护""油气品海上环境及安全保护""渔牧旅游生态保护"特色公益诉讼品牌。

10 月 30 日，自然资源部海洋战略规划与经济司发布的数据显示，我国海洋经济复苏进程稳健，市场主体活力稳步恢复；新登记和注吊销的企业均集中在海洋旅游业、海洋交通运输业、海洋渔业。

皮 书

智库成果出版与传播平台

❖ 皮书定义 ❖

皮书是对中国与世界发展状况和热点问题进行年度监测，以专业的角度、专家的视野和实证研究方法，针对某一领域或区域现状与发展态势展开分析和预测，具备前沿性、原创性、实证性、连续性、时效性等特点的公开出版物，由一系列权威研究报告组成。

❖ 皮书作者 ❖

皮书系列报告作者以国内外一流研究机构、知名高校等重点智库的研究人员为主，多为相关领域一流专家学者，他们的观点代表了当下学界对中国与世界的现实和未来最高水平的解读与分析。截至2021年底，皮书研创机构逾千家，报告作者累计超过10万人。

❖ 皮书荣誉 ❖

皮书作为中国社会科学院基础理论研究与应用对策研究融合发展的代表性成果，不仅是哲学社会科学工作者服务中国特色社会主义现代化建设的重要成果，更是助力中国特色新型智库建设、构建中国特色哲学社会科学"三大体系"的重要平台。皮书系列先后被列入"十二五""十三五""十四五"时期国家重点出版物出版专项规划项目；2013~2022年，重点皮书列入中国社会科学院国家哲学社会科学创新工程项目。

皮书网

（网址：www.pishu.cn）

发布皮书研创资讯，传播皮书精彩内容
引领皮书出版潮流，打造皮书服务平台

栏目设置

◆ **关于皮书**
何谓皮书、皮书分类、皮书大事记、
皮书荣誉、皮书出版第一人、皮书编辑部

◆ **最新资讯**
通知公告、新闻动态、媒体聚焦、
网站专题、视频直播、下载专区

◆ **皮书研创**
皮书规范、皮书选题、皮书出版、
皮书研究、研创团队

◆ **皮书评奖评价**
指标体系、皮书评价、皮书评奖

◆ **皮书研究院理事会**
理事会章程、理事单位、个人理事、高级
研究员、理事会秘书处、入会指南

所获荣誉

◆ 2008 年、2011 年、2014 年，皮书网均
在全国新闻出版业网站荣誉评选中获得
"最具商业价值网站"称号；
◆ 2012 年,获得"出版业网站百强"称号。

网库合一

2014年，皮书网与皮书数据库端口合
一，实现资源共享，搭建智库成果融合创
新平台。

皮书网　　"皮书说"　　皮书微博
　　　　　微信公众号

权威报告·连续出版·独家资源

皮书数据库
ANNUAL REPORT(YEARBOOK)
DATABASE

分析解读当下中国发展变迁的高端智库平台

所获荣誉

- 2020年，入选全国新闻出版深度融合发展创新案例
- 2019年，入选国家新闻出版署数字出版精品遴选推荐计划
- 2016年，入选"十三五"国家重点电子出版物出版规划骨干工程
- 2013年，荣获"中国出版政府奖·网络出版物奖"提名奖
- 连续多年荣获中国数字出版博览会"数字出版·优秀品牌"奖

皮书数据库

"社科数托邦"
微信公众号

成为会员

登录网址www.pishu.com.cn访问皮书数据库网站或下载皮书数据库APP，通过手机号码验证或邮箱验证即可成为皮书数据库会员。

会员福利

- 已注册用户购书后可免费获赠100元皮书数据库充值卡。刮开充值卡涂层获取充值密码，登录并进入"会员中心"—"在线充值"—"充值卡充值"，充值成功即可购买和查看数据库内容。
- 会员福利最终解释权归社会科学文献出版社所有。

数据库服务热线：400-008-6695
数据库服务QQ：2475522410
数据库服务邮箱：database@ssap.cn
图书销售热线：010-59367070/7028
图书服务QQ：1265056568
图书服务邮箱：duzhe@ssap.cn

社会科学文献出版社 皮书系列
SOCIAL SCIENCES ACADEMIC PRESS (CHINA)

卡号：337518489183
密码：

S 基本子库
UB DATABASE

中国社会发展数据库（下设 12 个专题子库）

紧扣人口、政治、外交、法律、教育、医疗卫生、资源环境等 12 个社会发展领域的前沿和热点，全面整合专业著作、智库报告、学术资讯、调研数据等类型资源，帮助用户追踪中国社会发展动态、研究社会发展战略与政策、了解社会热点问题、分析社会发展趋势。

中国经济发展数据库（下设 12 专题子库）

内容涵盖宏观经济、产业经济、工业经济、农业经济、财政金融、房地产经济、城市经济、商业贸易等 12 个重点经济领域，为把握经济运行态势、洞察经济发展规律、研判经济发展趋势、进行经济调控决策提供参考和依据。

中国行业发展数据库（下设 17 个专题子库）

以中国国民经济行业分类为依据，覆盖金融业、旅游业、交通运输业、能源矿产业、制造业等 100 多个行业，跟踪分析国民经济相关行业市场运行状况和政策导向，汇集行业发展前沿资讯，为投资、从业及各种经济决策提供理论支撑和实践指导。

中国区域发展数据库（下设 4 个专题子库）

对中国特定区域内的经济、社会、文化等领域现状与发展情况进行深度分析和预测，涉及省级行政区、城市群、城市、农村等不同维度，研究层级至县及县以下行政区，为学者研究地方经济社会宏观态势、经验模式、发展案例提供支撑，为地方政府决策提供参考。

中国文化传媒数据库（下设 18 个专题子库）

内容覆盖文化产业、新闻传播、电影娱乐、文学艺术、群众文化、图书情报等 18 个重点研究领域，聚焦文化传媒领域发展前沿、热点话题、行业实践，服务用户的教学科研、文化投资、企业规划等需要。

世界经济与国际关系数据库（下设 6 个专题子库）

整合世界经济、国际政治、世界文化与科技、全球性问题、国际组织与国际法、区域研究 6 大领域研究成果，对世界经济形势、国际形势进行连续性深度分析，对年度热点问题进行专题解读，为研判全球发展趋势提供事实和数据支持。

法律声明

"皮书系列"（含蓝皮书、绿皮书、黄皮书）之品牌由社会科学文献出版社最早使用并持续至今，现已被中国图书行业所熟知。"皮书系列"的相关商标已在国家商标管理部门商标局注册，包括但不限于LOGO（　）、皮书、Pishu、经济蓝皮书、社会蓝皮书等。"皮书系列"图书的注册商标专用权及封面设计、版式设计的著作权均为社会科学文献出版社所有。未经社会科学文献出版社书面授权许可，任何使用与"皮书系列"图书注册商标、封面设计、版式设计相同或者近似的文字、图形或其组合的行为均系侵权行为。

经作者授权，本书的专有出版权及信息网络传播权等为社会科学文献出版社享有。未经社会科学文献出版社书面授权许可，任何就本书内容的复制、发行或以数字形式进行网络传播的行为均系侵权行为。

社会科学文献出版社将通过法律途径追究上述侵权行为的法律责任，维护自身合法权益。

欢迎社会各界人士对侵犯社会科学文献出版社上述权利的侵权行为进行举报。电话：010-59367121，电子邮箱：fawubu@ssap.cn。

社会科学文献出版社